SOLIDWORKS® SOLIDWORKS®公司官方指定培训教程
CSWP 全球专业认证考试培训教程

SOLIDWORKS® Composer使用指南

（2023版）

[美] DS SOLIDWORKS®公司 著
(DASSAULT SYSTEMES SOLIDWORKS CORPORATION)
戴瑞华 主编
上海新迪数字技术有限公司 编译

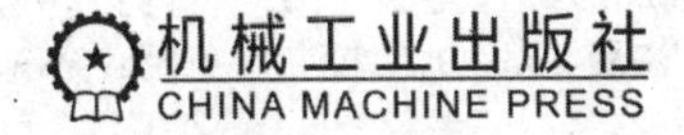

利用 SOLIDWORKS Composer 软件，用户可以直接从 3D CAD 文件创建 2D 和 3D 图形内容，用于产品技术交流。《SOLIDWORKS® Composer 使用指南（2023 版）》是根据 DS SOLIDWORKS® 公司发布的《SOLIDWORKS® 2023：SOLIDWORKS Composer》编译而成的。本教程介绍了运用 SOLIDWORKS Composer 发布视图、动画及交互内容等知识。本教程提供练习文件下载，详见“本书使用说明”。本教程提供高清语音教学视频，扫描书中二维码即可免费观看。

本教程在保留英文原版教程精华和风格的基础上，按照中国读者的阅读习惯进行了编译，配套教学资料齐全，适合企业工程设计人员和大专院校、职业技术院校相关专业的师生使用。

北京市版权局著作权合同登记 图字：01-2023-3537 号。

图书在版编目（CIP）数据

SOLIDWORKS® Composer 使用指南：2023 版/美国 DS SOLIDWORKS®公司著；戴瑞华主编. —北京：机械工业出版社，2023. 11

SOLIDWORKS®公司官方指定培训教程　CSWP 全球专业认证考试培训教程

ISBN 978-7-111-73923-4

Ⅰ. ①S…　Ⅱ. ①美…　②戴…　Ⅲ. ①机械设计-计算机辅助设计-应用软件-技术培训-教材　Ⅳ. ①TH122

中国国家版本馆 CIP 数据核字（2023）第 178884 号

机械工业出版社（北京市百万庄大街 22 号　邮政编码 100037）

策划编辑：张雁茹　　　　　　责任编辑：张雁茹　邵鹤丽

责任校对：李小宝　丁梦卓　　封面设计：陈　沛

责任印制：任维东

北京中兴印刷有限公司印刷

2023 年 12 月第 1 版第 1 次印刷

184mm×260mm · 9. 75 印张 · 262 千字

标准书号：ISBN 978-7-111-73923-4

定价：45. 00 元

电话服务　　　　　　　　　　网络服务

客服电话：010-88361066　　机　工　官　网：www. cmpbook. com

　　　　　010-88379833　　机　工　官　博：weibo. com/cmp1952

　　　　　010-68326294　　金　　书　　网：www. golden-book. com

封底无防伪标均为盗版　　　机工教育服务网：www. cmpedu. com

序

尊敬的中国 SOLIDWORKS 用户：

DS SOLIDWORKS®公司很高兴为您提供这套最新的 SOLIDWORKS®中文官方指定培训教程。我们对中国市场有着长期的承诺，自从 1996 年以来，我们就一直保持与北美地区同步发布 SOLIDWORKS 3D 设计软件的每一个中文版本。

我们感觉到 DS SOLIDWORKS®公司与中国用户之间有着一种特殊的关系，因此也有着一份特殊的责任。这种关系是基于我们共同的价值观——创造性、创新性、卓越的技术，以及世界级的竞争能力。这些价值观一部分是由公司的共同创始人之一李向荣（Tommy Li）所建立的。李向荣是一位华裔工程师，他在定义并实施我们公司的关键性突破技术以及在指导我们的组织开发方面起到了很大的作用。

作为一家软件公司，DS SOLIDWORKS®致力于带给用户世界一流水平的 3D 解决方案（包括设计、分析、产品数据管理、文档出版与发布），以帮助设计师和工程师开发出更好的产品。我们很荣幸地看到中国用户的数量在不断增长，大量杰出的工程师每天使用我们的软件来开发高质量、有竞争力的产品。

目前，中国正在经历一个迅猛发展的时期，从制造服务型经济转向创新驱动型经济。为了继续取得成功，中国需要相配套的软件工具。

SOLIDWORKS® 2023 是我们最新版本的软件，它在产品设计过程自动化及改进产品质量方面又提高了一步。该版本提供了许多新的功能和更多提高生产率的工具，可帮助机械设计师和工程师开发出更好的产品。

现在，我们提供了这套中文官方指定培训教程，体现出我们对中国用户长期持续的承诺。这套教程可以有效地帮助您把 SOLIDWORKS® 2023 软件在驱动设计创新和工程技术应用方面的强大威力全部释放出来。

我们为 SOLIDWORKS 能够帮助提升中国的产品设计和开发水平而感到自豪。现在您拥有了功能丰富的软件工具及配套教程，我们期待看到您用这些工具开发出创新的产品。

Manish Kumar

DS SOLIDWORKS®公司首席执行官

2023 年 7 月

戴瑞华　现任达索系统大中华区技术咨询部 SOLIDWORKS 技术总监

戴瑞华先生拥有 25 年以上机械行业从业经验，曾服务于多家企业，主要负责设备、产品、模具以及工装夹具的开发和设计。其本人酷爱 3D CAD 技术，从 2001 年开始接触三维设计软件，并成为主流 3D CAD SOLIDWORKS 的软件应用工程师，先后为企业和 SOLIDWORKS 社群培训了成百上千的工程师。同时，他利用自己多年的企业研发设计经验，总结出了在中国的制造业企业应用 3D CAD 技术的最佳实践方法，为企业的信息化与数字化建设奠定了扎实的基础。

戴瑞华先生于 2005 年 3 月加入 DS SOLIDWORKS® 公司，现负责 SOLIDWORKS 解决方案在大中国地区的技术培训、支持、实施、服务及推广等，实践经验丰富。其本人一直倡导企业构建以三维模型为中心的面向创新的研发设计管理平台，实现并普及数字化设计与数字化制造，为中国企业最终走向智能设计与智能制造进行着不懈的努力与奋斗。

前言

DS SOLIDWORKS® 公司是一家专业从事三维机械设计、工程分析、产品数据管理软件研发和销售的国际性公司。SOLIDWORKS 软件以其优异的性能、易用性和创新性，极大地提高了机械设计工程师的设计效率和设计质量，目前已成为主流 3D CAD 软件市场的标准，在全球拥有超过 600 万的用户。DS SOLIDWORKS® 公司的宗旨是：to help customers design better products and be more successful——让您的设计更精彩。

"SOLIDWORKS® 公司官方指定培训教程"是根据 DS SOLIDWORKS® 公司最新发布的 SOLIDWORKS® 2023 软件的配套英文版培训教程编译而成的，也是 CSWP 全球专业认证考试培训教程。本套教程是 DS SOLIDWORKS® 公司唯一正式授权在中国大陆地区（不包括香港、澳门特别行政区及台湾地区）出版的官方培训教程，也是迄今为止出版的最为完整的 SOLIDWORKS® 公司官方指定培训教程。

本套教程详细介绍了 SOLIDWORKS® 2023 软件的功能，以及使用该软件进行三维产品设计、工程分析的方法、思路、技巧和步骤。值得一提的是，SOLIDWORKS® 2023 不仅在功能上进行了 300 多项改进，更加突出的是它在技术上的巨大进步与创新，从而可以更好地满足工程师的设计需求，带给新老用户更大的实惠！

《SOLIDWORKS® Composer 使用指南（2023 版）》是根据 DS SOLIDWORKS® 公司发布的《SOLIDWORKS® 2023：SOLIDWORKS Composer》编译而成的，着重介绍了使用 SOLIDWORKS Composer 发布视图、动画及交互内容等知识。

本套教程在保留英文原版教程精华和风格的基础上，按照中国读者的阅读习惯进行了编译，使其变得直观、通俗，让初学者易上手，让高手的设计效率和质量更上一层楼！

本套教程由达索系统大中华区技术咨询部 SOLIDWORKS 技术总监戴瑞华先生担任主编，由上海新迪数字技术有限公司副总经理陈志杨负责审校。承担编译、校对和录入工作的有刘绍毅、张润祖、俞钱隆、李想、康海、李鹏等上海新迪数字技术有限公司的技术人员。上海新迪数字技术有限公司是 DS SOLIDWORKS® 公司的密切合作伙伴，拥有一支完整的软件研发队伍和技术支持队伍，长期承担着 SOLIDWORKS 核心软件研发、客户技术支持、培训教程编译等方面的工作。本教程的操作视频由达索教育行业高级顾问严海军制作。在此，对参与本教程编译和视频制作的工作人员表示诚挚的感谢。

由于时间仓促，书中难免存在疏漏和不足之处，恳请广大读者批评指正。

戴瑞华

2023 年 7 月

本书使用说明

关于本书

本书的目的是让读者学习如何使用 SOLIDWORKS 软件的多种高级功能，着重介绍了使用 SOLIDWORKS 软件进行高级设计的技巧和相关技术。

SOLIDWORKS® 2023 是一个功能强大的机械设计软件，而书中篇幅有限，不可能覆盖软件的每一个细节和各个方面，所以本书将重点给读者讲解应用 SOLIDWORKS® 2023 进行工作所必需的基本技能和主要概念。本书作为在线帮助系统的一个有益的补充，不可能完全替代软件自带的在线帮助系统。读者在对 SOLIDWORKS® 2023 软件的基本使用技能有了较好的了解之后，就能够参考在线帮助系统获得其他常用命令的信息，进而提高应用水平。

前提条件

读者在学习本书前，应该具备如下经验：

- 机械设计经验。
- 使用 Windows 操作系统的经验。
- 已经学习了《SOLIDWORKS®工程图教程（2023 版）》和《SOLIDWORKS®零件与装配体教程（2022 版）》等教程。

编写原则

本书是基于过程或任务的方法而设计的培训教程，并不专注于介绍单项特征和软件功能。本书强调的是完成一项特定任务所应遵循的过程和步骤。通过一个个应用实例来演示这些过程和步骤，读者将学会为了完成一项特定的设计任务应采取的方法，以及所需要的命令、选项和菜单。

知识卡片

除了每章的研究实例和练习外，书中还提供了可供读者参考的“知识卡片”。这些“知识卡片”提供了软件使用工具的简单介绍和操作方法，可供读者随时查阅。

使用方法

本书的目的是希望读者在有 SOLIDWORKS 软件使用经验的教师指导下，在培训课中进行学习；希望读者通过“教师现场演示本书所提供的实例，学生跟着练习”的交互式学习方法，掌握软件的功能。

读者可以使用练习题来理解和练习书中讲解的或教师演示的内容。本书设计的练习题代表了典型的设计和建模情况，读者完全能够在课堂上完成。应该注意到，学生的学习速度是不同的，因此书中所列出的练习题比一般读者能在课堂上完成的要多，这确保了学习能力强的读者也有练习题可做。

标准、名词术语及单位

SOLIDWORKS 软件支持多种标准，如中国国家标准（GB）、美国国家标准（ANSI）、国际标准（ISO）、德国国家标准（DIN）和日本国家标准（JIS）。本书中的例子和练习基本上采用了中国国家标准（除个别为体现软件多样性的选项外）。为与软件保持一致，本书中一些名词术语和计量单位未与中国国家标准保持一致，请读者使用时注意。

练习文件

读者可以从网络平台下载本书的练习文件，具体方法是：微信扫描右侧或封底的“大国技能”微信公众号，关注后输入“2023CP”即可获取下载地址。

大国技能

Windows 操作系统

本书所用的截屏图片是 SOLIDWORKS® 2023 运行在 Windows® 10 和 Windows® 11 时制作的。

格式约定

本书使用下表所列的格式约定：

约　定	含　义	约　定	含　义
【插入】/【凸台】	表示 SOLIDWORKS 软件命令和选项。例如，【插入】/【凸台】表示从菜单【插入】中选择【凸台】命令	注意	软件使用时应注意的问题
提示	要点提示	操作步骤 步骤 1 步骤 2 步骤 3	表示课程中实例设计过程的各个步骤
技巧	软件使用技巧		

关于色彩的问题

SOLIDWORKS® 2023 英文原版教程是采用彩色印刷的，而我们出版的中文版教程则采用黑白印刷，所以本书对英文原版教程中出现的颜色信息做了一定的调整，尽可能地方便读者理解书中的内容。

更多 SOLIDWORKS 培训资源

my. solidworks. com 提供更多的 SOLIDWORKS 内容和服务，用户可以在任何时间、任何地点，使用任何设备查看。用户也可以访问 my. solidworks. com/training，按照自己的计划和节奏来学习，以提高 SOLIDWORKS 技能。

用户组网络

SOLIDWORKS 用户组网络（SWUGN）有很多功能。通过访问 swugn. org，用户可以参加当地的会议，了解 SOLIDWORKS 相关工程技术主题的演讲以及更多的 SOLIDWORKS 产品，或者与其他用户通过网络进行交流。

目　　录

第1章　概　　述

学习目标

- 打开文件
- 使用视图并播放动画
- 创建图像
- 将图像插入至文档中
- 更新 SOLIDWORKS Composer 内容

扫码看视频

本章主要是简述 SOLIDWORKS Composer 软件，不会详细研究特征。整章内容都有交叉引用，指向特征和操作的详细描述。在本章中，将使用 SOLIDWORKS Composer 输出的图像来更新用 Microsoft Word 编写的工作说明。

操作步骤

步骤 1　查看文档

打开 Lesson01\Case Study 文件夹下的 Assembly Instructions. doc，如图 1-1 所示。该文档展示了栅栏装配体的组装说明。在本章中，将创建图像并完成该说明书。

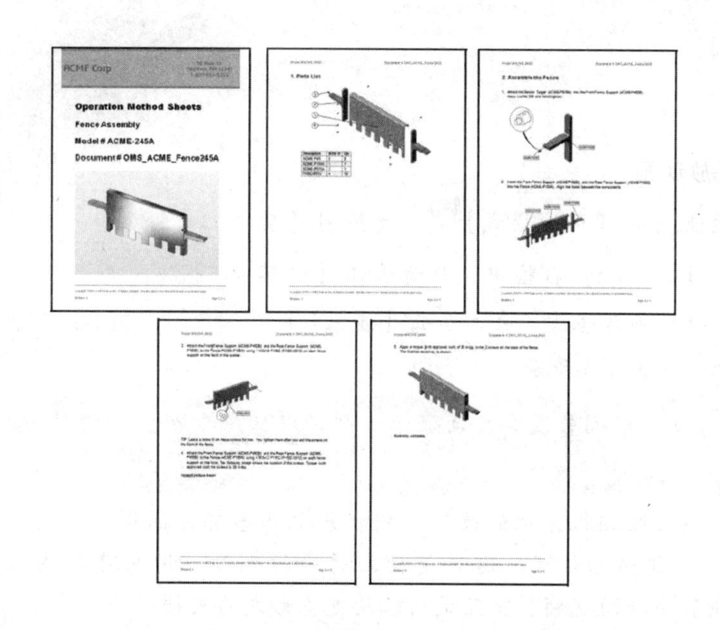

图 1-1　Assembly Instructions. doc 文档

步骤 2　打开文件

打开 Lesson01\Case Study 文件夹中的 ACME-245A. smg。

提示 该装配体采用 SOLIDWORKS Composer 格式。在 SOLIDWORKS Composer 文件中包含几个视图和动画。在左侧窗格中有完整的 CAD 结构，所有与之相关的零件及子装配体都列于【装配】选项卡中。

用户可以用各种 CAD 软件直接打开该文件，包括 SOLIDWORKS，或使用各种 CAD 中性格式中的一种打开。

第 5 章

- 导入文件。

步骤 3 激活视图

在左窗格的【视图】选项卡中双击“Cover”，如图 1-2 所示。这是希望在手册封面上显示的图像。视图将捕捉装配体的渲染风格、照相机方位及缩放比例、装配体中零件的各种属性等。

图 1-2 “Cover”视图

第 2 章

- 视图。

第 3 章

- 渲染工具。

步骤 4 检查爆炸视图

在【视图】选项卡中双击“Assembly1”。

提示 标签和爆炸直线是描述视图的协同角色类型，局部放大图用于显示一些小尺寸物体的细节。

第 4 章

- 爆炸视图。
- 协同角色。
- 矢量图。

步骤 5 播放动画

单击窗口左上角的【视图模式】，切换到【动画模式】。在【时间轴】窗格中，取消选择【循环播放模式】，让动画只播放一次。单击【播放】▶，以播放这个动画，如图 1-3 所示。

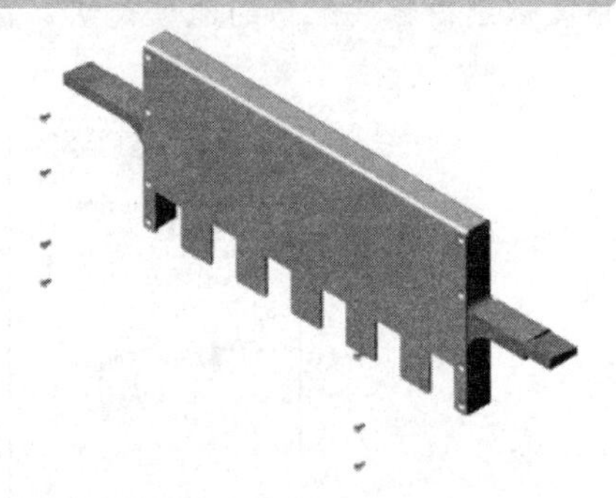

图 1-3 播放动画

提示 如果时间轴没有自动显示，则可以从命令功能区的【窗口】选项卡中激活。

动画显示了随着照相机方位的改变，栅栏装配体各部件的爆炸分离情况。动画结束后，所有部件回归到初始位置。这只是动画的一种类型，用户可以使用 SOLIDWORKS Composer 生成投放市场的视频、交互式内容及更多形式的文档资料。

动画章节

- 创建动画。
- 创建交互内容。

- 创建排演动画。
- 为动画添加特殊效果。

步骤 6　查看 BOM

在【视图】选项卡中双击“BOM”视图，显示零件清单，如图 1-4 所示。

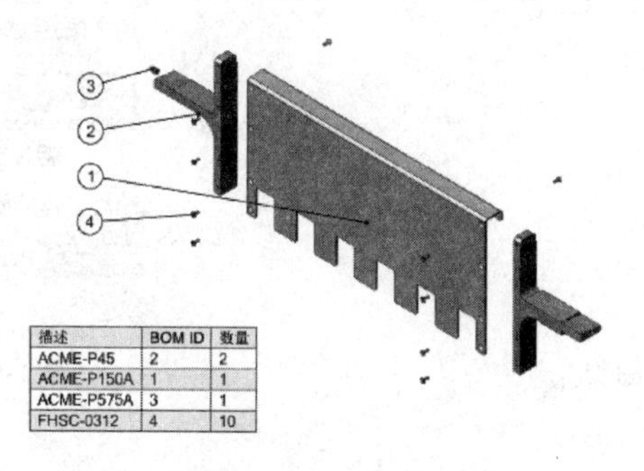

描述	BOM ID	数量
ACME-P45	2	2
ACME-P150A	1	1
ACME-P575A	3	1
FHSC-0312	4	10

图 1-4　零件清单

> **提示**　零件清单也称为材料明细表（BOM），是构成装配体零部件的清单。用户可以通过自定义 BOM 来显示不同的列，并且每个装配体可以含有多个 BOM。

第 6 章

- 材料明细表。

步骤 7　将所有视图发布为图像

单击【工作间】/【发布】/【高分辨率图像】。

在工作间中：

- 勾选【抗锯齿】复选框。
- 取消勾选【Alpha 通道】复选框，因为并不需要透明背景。
- 在【多个】选项卡中，勾选【视图】复选框，通过一次操作发布所有视图。
- 单击【另存为】，保留【文件名】为“ACME-245A”，单击【保存】。

> **提示**　通过使用【高分辨率图像】工作间中的设置，软件将为每个视图生成 JPEG 文件。

第 7 章

- 高分辨率图像。

步骤 8　插入图像

如图 1-5 所示，步骤 1 中打开的 Microsoft Word 文档缺少一幅图。用户可以插入图像，使之与文件之间产生关联。如果图像文件做了更改，Microsoft Word 文档刷新后会显示更新后的图像。在 Microsoft Word 文档中，单击第 4 页的“〈insert picture here〉”处。

单击【插入】/【图片】，选择图片 ACME-245A_Assembly4. jpg 并单击【插入和链接】，如图 1-6 所示。拖动图片的边角调整到合适的大小。

图 1-5　插入图像

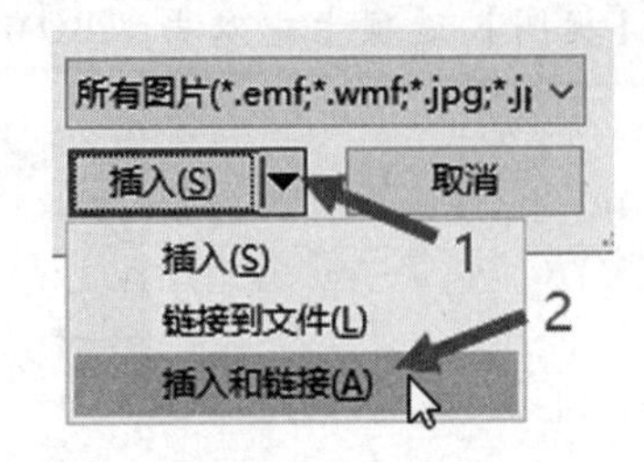

图 1-6　插入和链接

提示　在 Microsoft Word 文档中发布图像，只是 SOLIDWORKS Composer 生成多种类型数据发布选项中的一种。

第 14 章
- 发布为 PDF。
- 发布为 Microsoft PowerPoint。
- 发布为 HTML。

步骤 9　更新内容

有时，在 SOLIDWORKS Composer 文档中已存有内容后，CAD 模型又会发生更改。在本例中，设计师在栅栏上添加了加强筋以增加其强度，如图 1-7 所示。

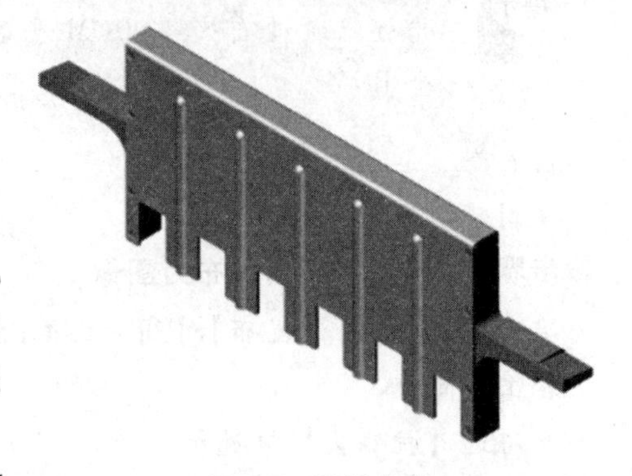

图 1-7　更新内容

这时，用户不用从头做起。SOLIDWORKS Composer 可以更改几何体、相关属性，以及增加新的零件或删除旧的零件。使用 SOLIDWORKS Composer，可以方便地更新视图和动画，并重新发布图像。

单击【文件】/【更新】/【SOLIDWORKS Composer 文档】。选择 ACME-245A_FINAL.smg 并单击【更新】。通过双击缩略图来查看【视图】选项卡上的视图。

提示　SOLIDWORKS Composer 软件在更新操作过程中，完成了添加新的零件，删除旧的零件，更新几何体和相关属性，重建视图和动画。

第 12 章
- 更新整个装配体。

步骤 10　重新发布图像

重复步骤 7。使用与之前相同的名称重建 JPEG 文件。注意需要保留最初的名称，这样才能在 Microsoft Word 文档中正确地显示更新后的图片。

步骤 11　更新文档

在 Microsoft Word 中，单击【文件】/【编辑指向文件的链接】。选择列表中所有的图片并单击【立即更新】。当文档包含外部参考文件的链接时，该选项就会出现。因为用户采用和已有图片相同的文件夹，并使用相同的文件名发布图片，Microsoft Word 文档会自动显示更新装配体后的新图片，如图 1-8 所示。

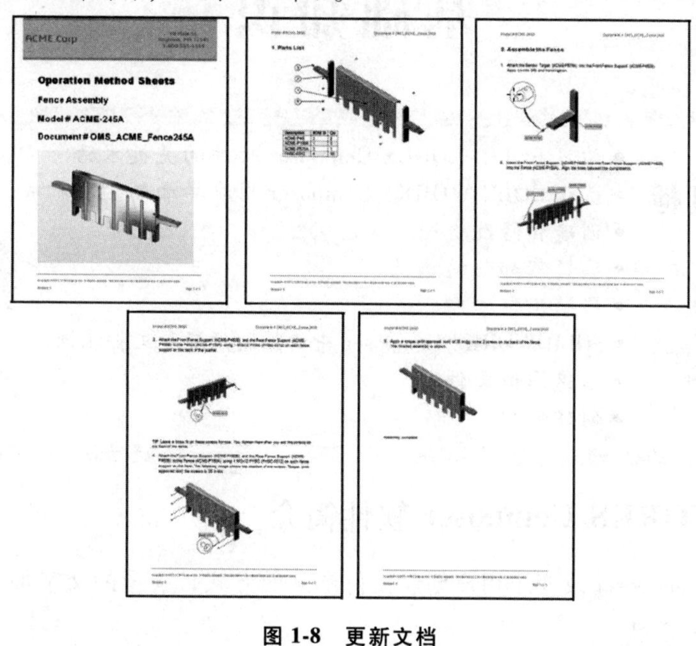

图 1-8　更新文档

前文已经大致介绍了 SOLIDWORKS Composer 的功能。在接下来的章节中，将讲解如何创建视图和动画，发布多种格式文档，生成交互式内容等。

第2章　SOLIDWORKS Composer 基础知识

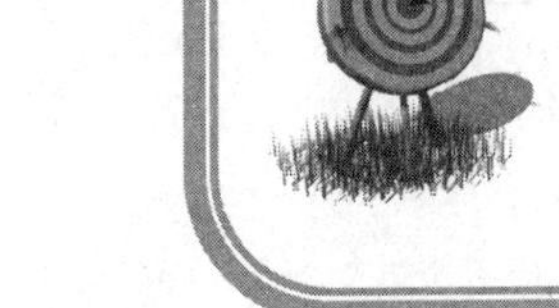

- 学习 SOLIDWORKS Composer 软件的关键术语
- 认识 SOLIDWORKS Composer 用户界面的主要构成
- 创建和修改视图
- 编辑零部件的属性
- 移动几何体
- SOLIDWORKS Composer 中的控制设置和文档属性
- 创建图像文件
- 创建动画

扫码看视频

2.1　SOLIDWORKS Composer 软件简介

SOLIDWORKS Composer 改变了用户创建交付产品的方式，少量的文字加上智能化的视图及动画便能表达复杂的产品。

SOLIDWORKS Composer 可以根据 3D CAD 数据发布 2D 和 3D 的文档输出。数据可以来源于多种 3D CAD 系统。用户并不需要任何 CAD 的知识或培训，就可以使用 SOLIDWORKS Composer。

SOLIDWORKS Composer 可以输出工业标准的文件格式，包括：

- 2D 矢量图：SVG 和 CGM。
- 2D 高分辨率的视图：TIFF、JPG、PNG 和 BMP。
- 3D 交互文件：PDF、FLV、MKV、HTML 和 AVI。

SOLIDWORKS Composer 是一个独立的应用软件，它不在 CAD 应用程序中运行。用户不需要在 SOLIDWORKS Composer 软件所在的同一台计算机上安装 CAD 应用程序。许多 CAD 格式可以直接导入到 SOLIDWORKS Composer 中，支持的导入和导出格式可在 SOLIDWORKS Composer 帮助文档中查到。

在本章中，将先打开已有的 SOLIDWORKS Composer 齿轮箱文件，然后再创建一系列图片（视图），记录如何从齿轮箱中移除零件，最后再创建一个动画。

操作步骤

步骤1　启动 SOLIDWORKS Composer 并打开文件

双击桌面上的 SOLIDWORKS Composer 图标，打开 Lesson02\Case Study 文件夹下的 Oil Pump.smg，如图 2-1 所示。

图 2-1　打开文件

2.2　SOLIDWORKS Composer 术语

SOLIDWORKS Composer 的关键术语包括：

1. 角色

角色是出现在视口中的 SOLIDWORKS Composer 实体。用户可以隐藏或显示角色，或更改它们的位置和属性。

2. 几何角色

几何角色是指位于视口中的零件、装配体或组件。在 Oil Pump 装配体中，Housing、Cover、Shaft 和 Pin 等均是几何角色。

3. 协同角色

协同角色是指位于视口中的标记工具，如标注和测量等，还包括标签、编号、图像和许多其他的标注类型。

4. 属性

属性是对 SOLIDWORKS Composer 中实体的描述。几何角色、协同角色和视口都有属性。例如：

- Housing 是一个几何角色，其属性包括颜色、光泽和透明度等。
- 标签是一种协同角色，其属性包括文字、字体和形状等。
- 视口的属性包括颜色和照明等。

5. 中性属性

中性属性即一个角色的默认属性。这些属性最初来自 CAD 系统中导入的数据及用户对 SOLIDWORKS Composer 的设置，用户可以通过更新中性属性来反映相应的更改。任何时候，用户都可以将某个角色的一个或多个属性保存为该角色的中性属性。

6. 视口

视口即软件中用来显示角色的“舞台”，有时候也称为图形区域。

7. 视图

视图即一个角色的快照。视图可以捕捉所有角色（包含几何角色和协同角色）的非中性属性和位置。视图还可以记录照相机的方位、角色的可视性及视口的非中性属性。

提示 

SOLIDWORKS Composer 中的视图与 CAD 中的视图是不同的，SOLIDWORKS Composer 中的视图拥有比照相机方位更多的信息。

2.3　SOLIDWORKS Composer 用户界面

SOLIDWORKS Composer 的用户界面如图 2-2 所示。

1. 功能区

功能区中有可以非常方便使用的常用工具。用户可以使用功能区中的选项卡和工具启动对应的功能。如果想只显示选项卡的名字，可以单击功能区右上角的最小化功能区图标 ^ 或按下〈Ctrl+F1〉键。

2. 快速访问工具栏

快速访问工具栏位于界面的左上角，通过它可以方便地选择常用功能。用户还可以单击快速访问工具栏右侧的向下箭头，或右键单击工具栏并选择【自定义快速访问工具栏】来自定义其中的功能。

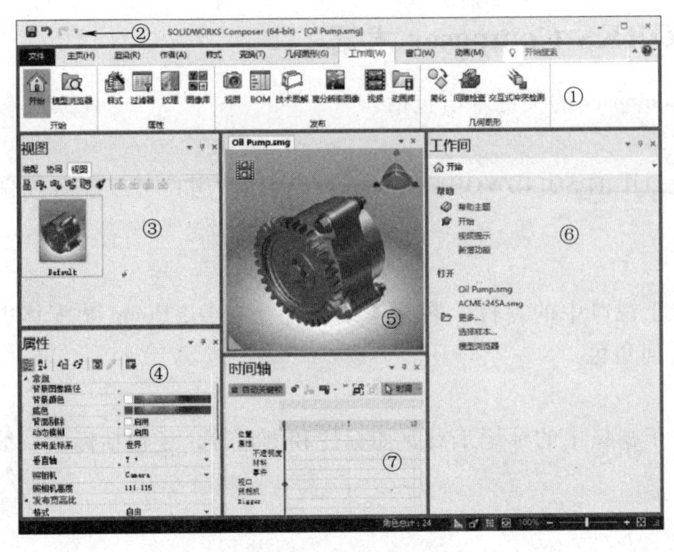

图 2-2　用户界面

1—功能区　2—快速访问工具栏　3—左窗格　4—属性窗格　5—视口　6—工作间　7—时间轴窗格

3. 左窗格

左窗格中包含许多选项卡，包括装配、协同和视图。单击【窗口】/【显示/隐藏】可以添加其他的选项卡，例如 BOM、图层和标记。这些选项卡在默认情况下都不显示，本书将在后面的章节中进行介绍。

（1）【装配】选项卡　【装配】选项卡主要用来管理装配体的树状结构、几何角色的可视性，以及选择集，如图 2-3 所示。它包括以下几个项目：

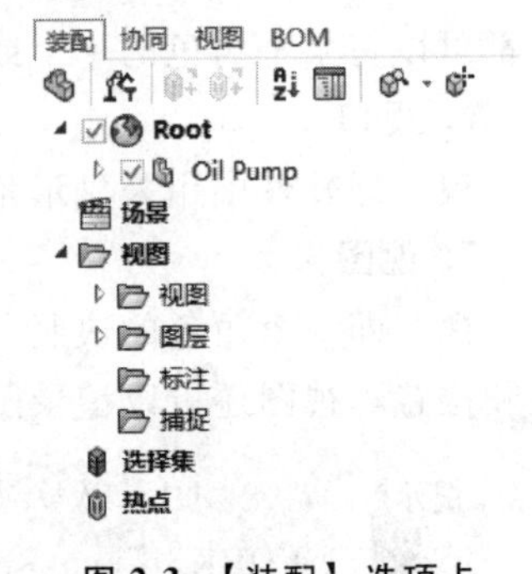

图 2-3　【装配】选项卡

1）装配体。指明各个零部件的可视性，组合各种几何角色。默认状态下，SOLIDWORKS 装配体的角色顺序与 CAD 系统是相匹配的。单击【按字母顺序排序】，可以按照字母的顺序进行角色的排列。勾选角色名旁边的复选框则表示该角色将在视口中显示出来，取消勾选该复选框则表示隐藏该角色。右键单击一个角色，可以使用如复制、粘贴、删除等功能。

2）场景。描述一系列角色的动画。在特定情况下，可以将场景从一组角色应用到另一组角色，这样用户就可以避免重新创建动画。

3）视图。列出文件中的视图。当【装配】选项卡处于激活状态时，可以在此完成视图的切换。但通常直接使用【视图】选项卡。

4）选择集。列出选取的一组几何角色。当用户计划重复选择多个角色时，可为这些角色创建一个选择集，此方法是非常方便的。

> **提示**　【装配】选项卡显示的选项只包含几何角色。【协同】选项卡显示的选项则包含协同角色或几何角色与协同角色的组合体。

5）热点。热点就是一组角色，类似于选择集，可以共享突出、工具提示和链接属性。热点可以取代单个角色。它们的主要目的是在向量输出中定制自定义热点。热点可以同时包含几何角色和协同角色。

（2）【协同】选项卡　【协同】选项卡用于列出并显示协同角色的可视性。勾选角色名旁边的复选框可以在视口中显示该角色，取消勾选该复选框则会隐藏它。

协同角色按类型分组。当用户打算重复选择一组角色时，可创建一个选择集，如图 2-4 所示。

（3）【视图】选项卡　【视图】选项卡用于管理 SOLIDWORKS Composer 文件中的视图。使用该选项卡可以创建、更新、显示这些视图。视图的预览以缩略图的方式显示，选项卡顶部的工具栏图标可以让用户控制或播放视图，如图 2-5 所示。

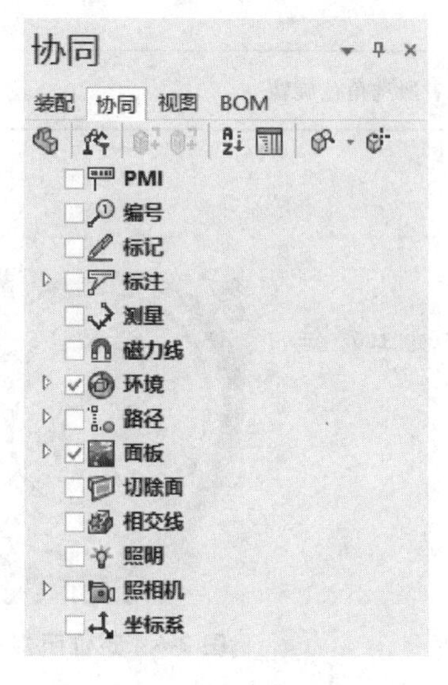

图 2-4 【协同】选项卡

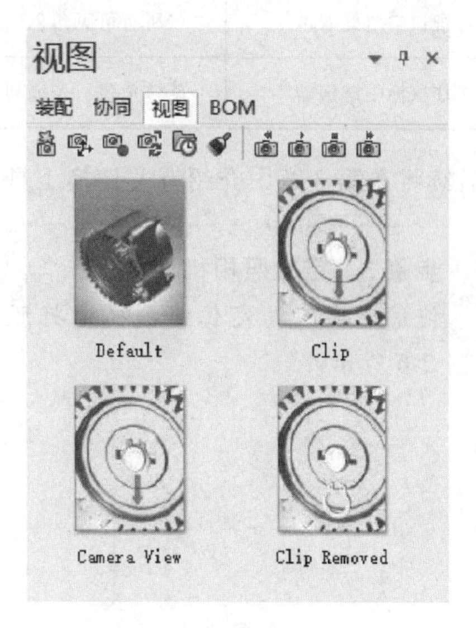

图 2-5 【视图】选项卡

2.4　视图

视图是角色的快照，其可以捕捉所有几何角色和协同角色的非中性属性和位置。视图还可以记录照相机的方位、角色的可视性以及视口的非中性属性。

创建具有所有角色适当外观和位置的视图，对于创建良好的 2D 输出非常重要。一旦正确地设置了视图，那么仅需要设置正确的输出选项即可获得良好的 2D 输出。

步骤 2　创建新视图

从左窗格的【视图】选项卡上单击【创建视图】。为了重命名视图，选中视图后按〈F2〉键并输入“Clip”。

提示　在第一次导入文件时，没有默认的视图。建议用户在首次操作时先创建一个默认视图，这会为用户提供一种将文件恢复到原始外观的简便方法（本书中提供的很多实例文件的原始外观都保存在“Default”视图中）。

2.5　切换工具

SOLIDWORKS Composer 可显示从外部 CAD 程序导入的 3D 装配体。用户可以通过多个照相机方位显示装配体，还可以通过多种途径在 SOLIDWORKS Composer 中缩放和旋转视口中的角色。

- 常用鼠标切换工具　鼠标按键提供了大部分常用的切换工具，见表 2-1。

表 2-1 鼠标切换工具

鼠标操作	说　明
滚动鼠标中键	放大或缩小视口中光标所在的区域
双击角色	缩放到选中的角色
在视口空白处双击	将所有可见角色缩放到合适大小
按住鼠标中键拖动	旋转角色。若拖动前右键单击角色，则绕着所选角色旋转

后续将在第 3 章中介绍有关切换工具的更多信息。

步骤 3　定位照相机

使用切换工具定位视图，以将照相机放大并在卡簧上定位，如图 2-6 所示。

图 2-6　定位照相机

2.6　更新视图

如果用户编辑了视图，还须对其进行更新以保存视图设置。如果不更新视图，系统会根据视图的切换方式提示下面两条消息中的一条：

一条消息是：“当前视图（视图名称）已更改。要用更改更新视图还是将更改保存到新视图？”

- 单击【更新】可将更改更新到当前视图内。
- 单击【保存】将创建一个新的视图。
- 单击【不保存】则不保存而直接显示下一个视图。

另一条消息是：“尚未保存视图！想要保存新视图吗？”

- 单击【是】将保存一个新的视图。
- 单击【否】则不保存而直接显示下一个视图。

步骤 4　更新视图

选中“Clip”视图，单击【更新视图】。

步骤 5　切换视图

双击“Default”视图以在视口中显示该视图。

- 属性窗格　属性窗格用于显示所选角色的属性。图 2-7 所示的属性窗格用于显示视口的属性，用户可以更改背景颜色和底色来创建渐变的效果。

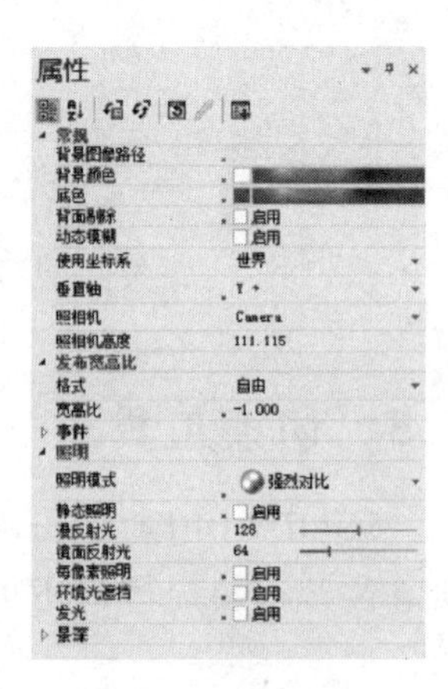

图 2-7　属性窗格

提示　在属性名称旁边出现的符号表示该属性在动画过程中无法更改。

步骤 6　更改属性

从视口中单击“Clip”角色，属性窗格将显示“Clip”的属性。在属性窗格的【环境效果】/【类型】中选择【铝】，如图 2-8 所示。现在“Clip”拥有了铝外观，如图 2-9 所示。不要更新视图。

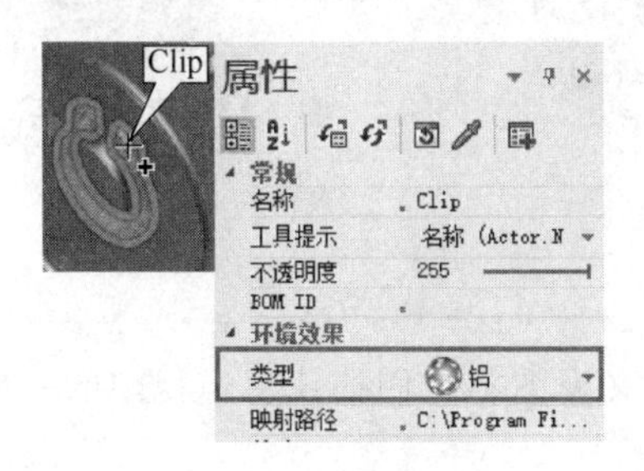

图 2-8　更改属性

图 2-9　结果

步骤 7　切换视图

双击“Clip”视图。由于视图在切换之前未更新，因此会显示一条消息：“当前视图(Default)已更改。要用更改更新视图还是将更改保存到新视图?”单击【更新】以将更改保存到“Default”视图的设置。

提示　铝外观应用于“Default”视图，但不会应用于“Clip”视图，如图 2-10 所示。

步骤 8　设置中性属性

双击“Default”视图，然后从视口中选择“Clip”角色，如图 2-11 所示。从属性窗格中选择铝，然后单击【设为中性属性】。

图 2-10　“Clip”视图

步骤 9　查看更改

双击“Clip”视图，查看铝外观如何传递到该视图，结果如图 2-12 所示。

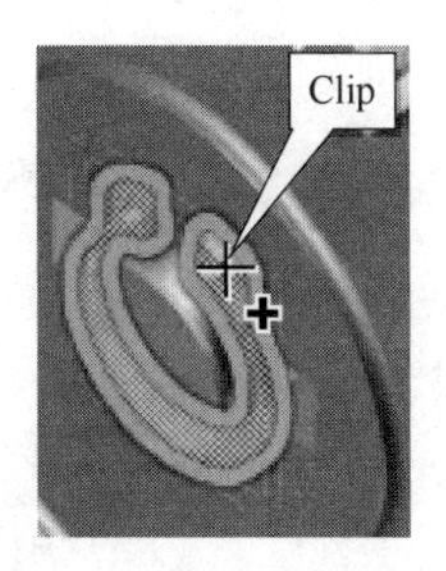

图 2-11　选择“Clip”角色

图 2-12　查看更改

- 协同角色　SOLIDWORKS Composer 允许用户使用协同角色标记视图。后续将在第 4 章中讲解有关协同角色的更多信息。

步骤 10　添加箭头

从功能区浏览到【作者】/【标记】，然后单击【箭头】。在视口中单击一次以放置箭头的末尾，然后再次单击以放置箭头的端部，如图 2-13 所示。在键盘上按〈Esc〉键退出命令。

> **提示** 如果未正确放置箭头，则可以单击视口中的箭头并使用手柄将其重新放置，或者使用键盘上的〈Delete〉键删除箭头，然后重新创建。

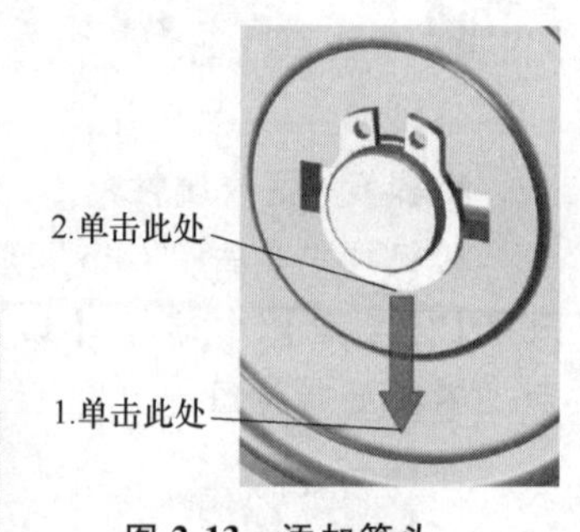

图 2-13　添加箭头

步骤 11　更新视图

选中"Clip"视图，单击【更新视图】。

• 照相机视图　有一些特殊类型的视图，称为自定义视图，它们捕获特定视图的一些细节子集。具体内容请查看 5.7 小节。

照相机视图是一种自定义视图，其仅捕获照相机的方向和缩放级别。

步骤 12　创建照相机视图

选中"Clip"视图，单击【创建照相机视图】。选择视图，按键盘上的〈F2〉键，重命名为"Camera View"，如图 2-14 所示。

步骤 13　创建新视图

双击"Default"视图，再双击"Camera View"视图，单击【创建视图】。选中视图，按键盘上的〈F2〉键，重命名为"Clip Removed"。

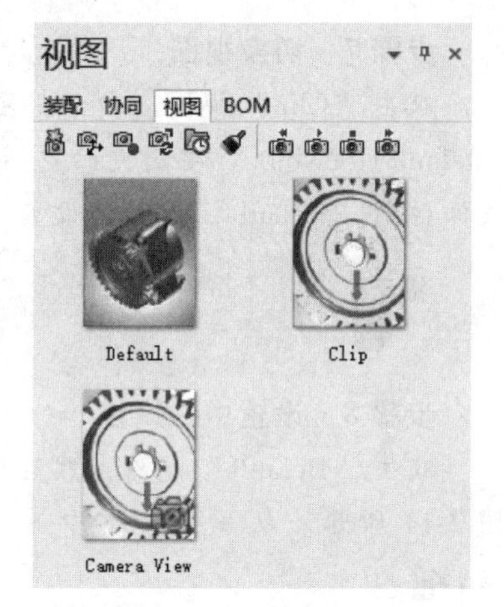

图 2-14　创建照相机视图

• 变换　变换工具允许用户移动零部件。在 SOLIDWORKS Composer 中移动零部件有很多原因，尤其是在记录设计或创建装配说明时。后续将在第 4 章中介绍有关移动零部件的更多知识。

步骤 14　移动卡簧

在功能区浏览到【变换】/【移动】，然后单击【平移】。从视口中选择"Clip"角色，出现三重轴。单击三重轴的绿色箭头，向下移动光标，然后单击以放置"Clip"，如图 2-15 所示。按键盘上的〈Esc〉键退出命令。

步骤 15　更新视图

选中"Clip Removed"视图，单击【更新视图】。

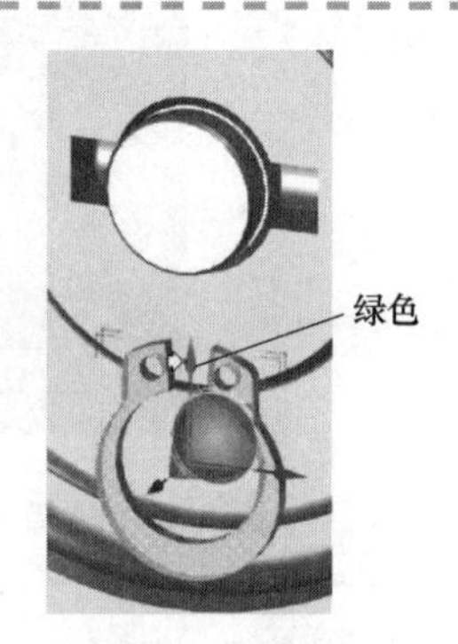

图 2-15　移动卡簧

2.7 生成 2D 输出

SOLIDWORKS Composer 是一款发布软件，当用户在 SOLIDWORKS Composer 中创建好视图和动画后，则需要保存、输出或发布这些视图为 2D 图像文件（JPG、SVG、BMP 等）或 3D 交互文件（AVI、HTML、PDF 等）。使用 SOLIDWORKS Composer 的一般过程如下：

1）在 SOLIDWORKS Composer 中输入一个 CAD 文件。

2）创建视图及动画。

3）发布 2D 或 3D 的输出文件。

下面将通过保存一个 Oil Pump 的图像来介绍该过程。

• 工作间　用户可以在应用程序窗口右侧的工作间中访问产品的某些模块和功能，如图 2-16 所示。单击工作间顶部的下拉菜单可以得到一个列表。在本书中，将根据需要对个别模块和功能进行介绍。

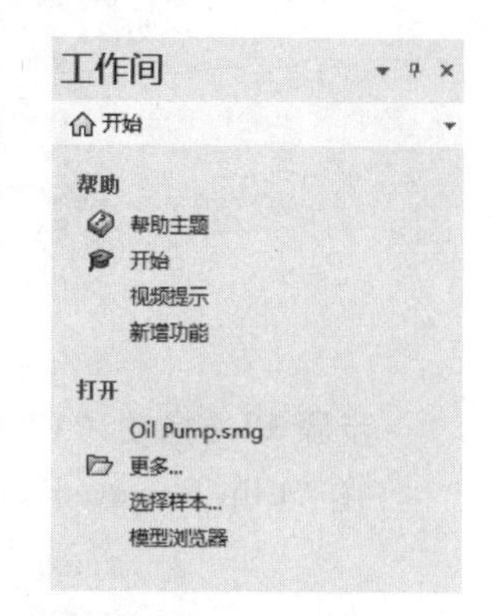

图 2-16　工作间

步骤 16　发布视图

在功能区中，单击【工作间】/【发布】/【高分辨率图像】。

在工作间中：

• 勾选【抗锯齿】复选框以使边线光滑。

• 不勾选【Alpha 通道】复选框，因为不需要透明背景。

• 在【多个】选项卡中，不勾选【视图】复选框，只发布当前视图。

• 单击【另存为】，保留“Oil Pump”为文件名，单击【保存】。

使用高分辨率图像的工作间，软件将生成当前视图的一个 JPEG 文件。

2.8 视图模式和动画模式

视口左上角的图标用于在【视图模式】和【动画模式】之间切换，如图 2-17 所示。在【视图模式】下，对角色属性和位置的更改并不会影响到动画或时间轴的内容。在【动画模式】下，对角色属性和位置的更改会发生在特定时间，这个时间点显示在时间轴窗格的时间条上。在第 8 章中将讲解有关动画的更多信息。

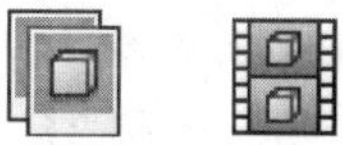

图 2-17　模式

• 时间轴窗格　用户可以在时间轴窗格中控制动画。下面将使用已经创建的视图制作快速动画。

步骤 17　切换到动画模式

单击视口左上角的【视图模式】，图标切换为则表明已进入【动画模式】。

步骤 18　拖动“Default”视图到时间轴

将“Default”视图从【视图】选项卡拖动到时间轴的 0s 处，如图 2-18 所示。注意视图的名称是作为标记添加的。标记是时间轴窗格的注释，它们对于定位动画中的关键事件非常有用。更为重要的是，它们对于添加事件以触发动画至关重要。

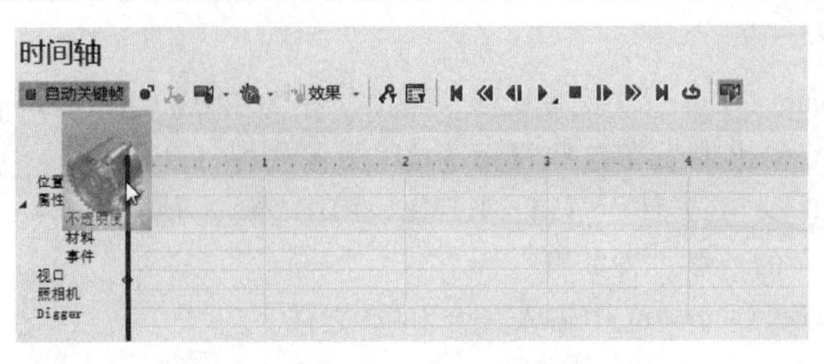

图 2-18　拖动“Default”视图到时间轴

步骤 19　拖动“Clip Removed”视图到时间轴

将“Clip Removed”视图从【视图】选项卡拖动到时间轴的 4s 处，如图 2-19 所示。

图 2-19　拖动“Clip Removed”视图到时间轴

提示　在每一章节中，用户都可能会打开一个新版本的同名文件。该文件在其他章节中可能包含不同的视图或者动画序列。因此在学习完每一章节后，关闭文件是很重要的。

步骤 20　播放动画

在时间轴窗格中，取消选择【循环播放模式】，以使动画只播放一次。单击【播放】以播放整个动画。请注意，随着卡簧角色从轴上移出，模型会放大到用户感兴趣的轴末端部位。

步骤 21　保存动画

从功能区中单击【工作间】/【发布】/【视频】，在工作间中单击【将视频另存为】，保留“Oil Pump”为文件名，并单击【保存】。软件将创建一个 MP4 文档。

步骤 22　保存并关闭文件

练习　使用切换工具

本练习使用切换工具，如缩放、旋转和平移。完成此练习后，请保存 SOLIDWORKS Composer 文件，其中应包含与图 2-20~图 2-22 所示视图大致匹配的新视图。

本练习将应用以下技术：

- 视图。
- 切换工具。

在 Lesson02 \ Exercises 文件夹中打开 toy car. smg 文件。

在进行任何更改之前，请先创建默认视图，如图 2-20 所示。

放大转向机构，创建一个名为“Wheel”的新视图，如图 2-21 所示。

图 2-20　创建默认视图

图 2-21　创建“Wheel”视图

旋转以显示汽车的下侧，缩放到后轴附近。创建一个名为“Axle”的新视图，如图 2-22 所示。

图 2-22　创建“Axle”视图

第 3 章　创建封面和局部视图

学习目标

- 发布 2D 栅格图像
- 应用不同的渲染风格
- 使用高级导航工具缩放并围绕 3D 模型旋转
- 使用照相机视图定位模型
- 使用 Digger 工具生成局部视图

扫码看视频

3.1　概述

本章将创建两个栅格图像（点阵图像）。其中一个图像用作手册的封面，另一个图像采用圆形细节图表现特定角色的细节，如图 3-1 所示。

图 3-1　栅格图像

操作步骤

步骤 1　打开文件

打开 Lesson03 \ Case Study 文件夹下的 Oil Pump. smg，如图 3-2 所示。

图 3-2　打开文件

步骤 2　确认视图模式

观察视口的左上角。确保文件处于【视图模式】下，图标显示为▣。

步骤 3　创建默认视图

激活左窗格的【视图】选项卡。在其中单击【创建视图】，重命名该视图为“Default”。

步骤 4　创建新视图

在【视图】选项卡中单击【创建视图】，重命名该视图为“Cover”。这个新建的视图和“Default”视图是完全相同的。稍后将做一些更改，然后更新该视图。

3.2　渲染工具

SOLIDWORKS Composer 包含多种渲染模式，可以修改模型的外观并添加可视效果。用户可以切换边的可视性，并将着色模式切换到轮廓模式；也可以应用可视化效果到手册和维修指南的技术说明中。

步骤 5　测试不同的渲染模式

通过【渲染】/【模式】命令可以尝试不同的渲染模式。

步骤 6　更改渲染模式

单击【渲染】/【模式】/【模式】/【技术渲染】。

步骤 7　关闭地面效果

单击【渲染】/【地面】/【地面】，关闭地面效果，如图 3-3 所示。

技巧　地面效果是拥有自己属性的协同角色。在【协同】选项卡中展开【环境】，并选中【地面】，可在属性窗格中修改地面的属性。

步骤 8　更改渐变背景

单击视口的背景，在属性窗格中更改【底色】，修改为浅红色，如图 3-4 所示。

图 3-3　渲染效果

图 3-4　更改渐变背景

3.3　缩放和旋转工具

在第 2 章中讲解了如何使用鼠标操纵照相机。在功能区的【主页】/【切换】工具栏内有其他的切换工具，可以在视口中缩放、旋转和平移装配体。这些切换工具中的大部分也都是可以通过鼠标操作来实现的，但其中的漫游模式和惯性模式可以提供一种独特的方式来切换模型。这些工具见表 3-1。

用户可以修改切换工具的默认行为。如果用户熟悉 SOLIDWORKS 以外的 CAD 应用程序，这会很有用。默认切换可以通过以下方式进行编辑修改：

表 3-1 缩放和旋转工具

图标	工具名称	说明
	旋转模式	当选中时，用户可以按住鼠标左键旋转角色到任意方位
	平移模式	当选中时，用户可以按住鼠标左键在整个屏幕范围内移动角色
	缩放模式	当选中时，用户可以按住鼠标左键竖直拖动角色进行放大和缩小
	缩放面积模式	当选中时，用户由左到右拖动窗口，对选定区域进行放大
	漫游模式	按住鼠标左键并拉近到模型上，就仿佛是用户飞入模型内部一样。当按住鼠标左键时，每次移动鼠标都会重新定位模型的中心 按住鼠标右键则会拉远距离 按住上箭头或下箭头，可以提高或降低漫游的速度
	惯性模式	在操作结束后，系统会允许模型继续旋转或平移，就好像受到惯性一样。用户平移或旋转模型越快，则操作结束后受到的惯性影响就越大 注意，用户不能更改这种模式影响的强度
	缩放到合适大小	单击以显示所有可见的角色，无论是几何角色还是协同角色
	缩放选定对象	对选定的角色进行缩放

• 要改变鼠标中键的缩放方向，单击【文件】/【首选项】/【切换】，勾选【翻转鼠标滑轮】复选框。

• 要更改鼠标右键和鼠标中键的默认操作，单击【文件】/【首选项】/【切换】，并更改菜单。

• 要将所有设置恢复到默认状态，单击【文件】/【首选项】/【切换】，并单击【重置】。

步骤 9 测试各种切换工具

单击【主页】/【切换】，并尝试各种切换工具。

3.4 照相机对齐工具

除了缩放、平移和旋转工具，还有其他工具可以控制照相机的方位，例如有预设的照相机视图、四个可以修改的自定义视图和一个允许用户直接查看某个面的工具。

1. 预设照相机视图

用户可以通过切换方向观察角色的正面、背面、顶面、底面、左面或右面，也可将照相机定位在四个预设的旋转相机视图之一处。

步骤 10 切换到背视图

单击【主页】/【切换】/【对齐照相机】/【正视图/背视图】，切换到正视图。再次单击相同的工具切换到背视图，如图 3-5 所示。

步骤 11 切换到等轴测视图

单击【主页】/【切换】/【对齐照相机】/【3/4X+Y+Z+】，切换到等轴测视图，如图 3-6 所示。

图 3-5　切换到背视图

图 3-6　切换到等轴测视图

2. 将照相机与面对齐

用户可以将照相机对齐到任意面（平面或非平面）。选择角色上的一个面后，角色会旋转到与所选面对齐的位置，即平行于屏幕的位置。

步骤 12　测试【将照相机与面对齐】工具

单击【主页】/【切换】/【对齐照相机】/【将照相机与面对齐】，然后选择一个面，从垂直视角观察面。若想退出并关闭该工具，可以按〈Esc〉键结束。

3. 自定义照相机视图

用户可以创建不多于四个的自定义照相机视图。一般而言，这都是根据公司对产品的视图要求标准而定制的。自定义的照相机视图是一个文档属性。

步骤 13　创建自定义照相机视图

单击【文件】/【属性】/【文档属性】/【视口】。在【自定义照相机视图】下，命名为“My View”，【Theta】输入“20°”，【Phi】输入“30°”，勾选【正交】复选框创建一个正交视图。若不勾选【正交】复选框则创建一个透视图。单击【确定】。

提示

Theta 是一个视角，即前视图与竖直轴的夹角。若 Theta 值为正，则表示照相机将置于前视图的右侧；若 Theta 值为负，则表示照相机将置于前视图的左侧。在球坐标系下，Theta 是一个经度角。Phi 是评估高于或低于水平基准面的一个以度数表示的视角。若 Phi 值为正，则表示照相机将置于水平基准面的上方；若 Phi 值为负，则表示照相机将置于水平基准面的下方。在球坐标系下，Phi 是一个纬度角。注意，不能在视口中旋转装配体来确定当前的 Theta 值和 Phi 值。

步骤 14　激活自定义的照相机视图

单击【主页】/【切换】/【对齐照相机】/【My View】，角色会自动旋转到指定方位，如图 3-7 所示。

图 3-7　激活自定义的照相机视图

技巧 在本章中，用户可以创建一个仅适用于 Oil Pump 文件的自定义照相机视图作为文档属性。但在一般情况下，用户只需要将这些属性设置为默认文档属性，就可以把这些设置应用到从 CAD 程序中导入的装配体上。

4. 透视图

还有另一种照相机对齐工具，允许用户创建透视图。透视图即人眼观察到的自然视图，平行线在一定距离后会聚焦到一个点上，用户可以将透视图应用于任何视图。

步骤 15　添加透视图

在状态栏上单击【照相机透视模式】，结果如图 3-8 所示。

提示 用户可以更改系统设置的透视角度，方法为单击【文件】/【首选项】/【照相机】，并修改默认视角。

图 3-8　添加透视图

步骤 16　缩放到合适大小

双击背景图，将装配体缩放到合适大小，以充满视口。

步骤 17　更新视图

选择【视图】选项卡中的"Cover"视图，然后单击【更新视图】。预览缩略图也更新了。

步骤 18　保存文件

3.5　自定义渲染

渲染模式列表中的大多数工具适用于所有几何体角色。但用户也可以应用自定义渲染，以一种样式渲染选定的一组几何体角色，并以另一种样式呈现另一组几何体角色。要执行此操作，需要先选择【渲染】/【模式】/【模式】/【自定义】，然后再修改选定几何体角色的自定义渲染属性。

步骤 19　装配体准备

在状态栏关闭【照相机透视模式】，更改视口的【底色】为白色，再单击【渲染】/【地面】/【地面】以关闭地面效果。

步骤 20　自定义渲染

单击【渲染】/【模式】/【模式】/【自定义】，从视口中选择"Gear"角色，在属性窗格中的【自定义渲染】/【渲染】中单击【平面技术渲染】。

然后更改"Clip"角色为【平面技术渲染】，更改"Housing"角色为【轮廓渲染】。结果如图 3-9 所示。

图 3-9　自定义渲染

3.6　Digger 工具

Digger 工具允许用户放大模型的不同区域，查看角色后面的模型以及其他功能。若在 Digger 中出现了所需的装配体视图，用户可以为此细节视图创建 2D 图像。Digger 图像的分辨率由高分辨率图像工作间的设置来控制。

图 3-10 所示为 Digger 工具，表 3-2 给出了各个工具的功能介绍。

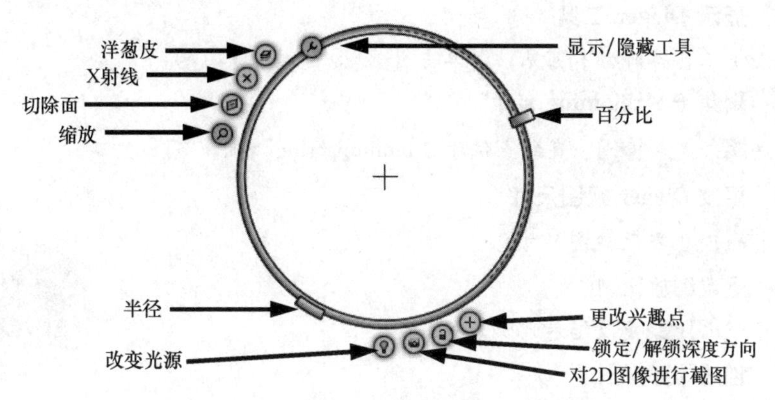

图 3-10　Digger 工具

表 3-2　Digger 工具的功能介绍

图　标	工具名称	功能说明
	半径	拖动该工具以更改 Digger 的大小
	百分比	该工具用于洋葱皮、X 射线、切除面和缩放工具
	显示/隐藏工具	单击该工具可以显示或隐藏出现在 Digger 周围的工具，例如洋葱皮、X 射线等
	洋葱皮	单击激活该工具，然后拖动 Digger 环上的百分比工具来隐藏角色
	X 射线	单击激活该工具，然后拖动 Digger 环上的百分比工具。随着深度的增加，角色会变为虚化的轮廓，然后以渐变的方式隐藏
	切除面	单击激活该工具，然后拖动 Digger 环上的百分比工具，以切除面剪切角色。切除面是与屏幕相互平行的
	缩放	单击激活该工具，然后拖动 Digger 环上的百分比工具以缩放角色
	改变光源	将该工具拖到 Digger 环内部以照亮角色；将该工具拖到 Digger 环外部则取消该效果
	对 2D 图像进行截图	单击该工具，可以在 Digger 中生成一个视图的 2D 图像面板。2D 图像面板是一个协同角色，用户可以双击该图像并修改它。Digger 工具可使用高分辨率图像工作间中的【像素】和【分辨率】选项进行设置
	锁定/解锁深度方向	该工具可以作用在洋葱皮、X 射线和切除面等工具上 ● 选择锁定，当用户在视口中选择模型时，这些工具将保持它们的初始深度和方向 ● 选择解锁，这些工具会随着用户旋转模型而更新
	更改兴趣点	首先，将 Digger 从当前角色中移开。然后，拖动该工具到更感兴趣的角色位置。这使用户可以将 Digger 用于模型的一侧，从而避免忽略角色 ● 要想改变兴趣点，只需要拖动该工具到更感兴趣的角色位置 ● 要想返回兴趣点到 Digger 的中心，只需要将该工具拖到 Digger 里面

下面将利用 Digger 来生成两个局部视图。

步骤 21　放置模型

使用平移和缩放工具，将装配体放置在视口的中上部。

步骤 22　激活 Digger 工具

在视口中的装配体下方单击，然后按空格键。

步骤 23　显示 Digger 工具

如果 Digger 工具当前为不可见，则单击【显示/隐藏工具】。

步骤 24　聚焦于“retaining ring”

拖动【更改兴趣点】，直到点位于“retaining ring”上。

步骤 25　更改 Digger 视图尺寸

拖动【半径】更改视图尺寸。

步骤 26　更改缩放比例

拖动【百分比】更改缩放比例。

步骤 27　创建局部视图

单击【对 2D 图像进行截图】为局部视图创建一个 2D 图像，如图 3-11 所示。

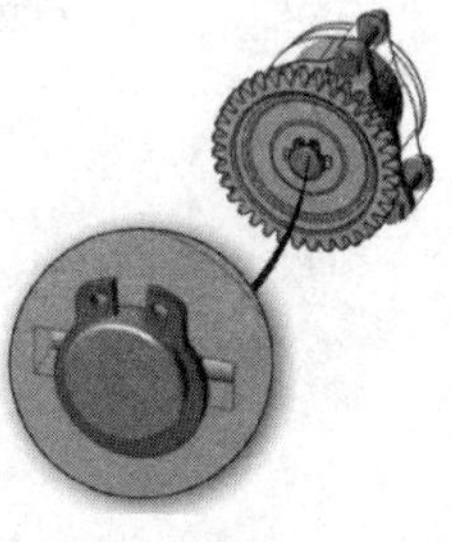

图 3-11　创建局部视图

提示　用户可以通过双击来编辑 Digger 所创建的内容。

步骤 28　激活新的 Digger 实例

在视口中装配体的右侧单击，然后按空格键。

步骤 29　缩小并聚焦在“Oil Pump”的中心

拖动【百分比】到 0%，拖动【更改兴趣点】，直到该点位于“Oil Pump”装配体的中心。

步骤 30　观察“Oil Pump”内部

单击【X 射线】，然后拖动【百分比】修改 Digger 环内部角色的数量，直到可以看见内部和外部的转子。

步骤 31　创建局部视图

单击【对 2D 图像进行截图】为局部视图创建一个 2D 图像。根据 Digger 环边界的大小和百分比的不同，每个用户的局部视图可能都会有所不同，如图 3-12 所示。

技巧

- 为了更改边界，选择【图像】并更改形状和边界属性。
- SOLIDWORKS Composer 创建局部视图的一种方法是使用 Digger 工具。用户也可以使用高分辨率图像和技术图解工作间来创建局部视图。

图 3-12　创建局部视图

下面将创建一个视图并发布栅格图形文件。

步骤 32　创建视图

在【视图】选项卡中单击【创建视图】，重命名视图为“Digger Detail”。

步骤 33　发布视图

单击【工作间】/【发布】/【高分辨率图像】。

在工作间中：

- 勾选【抗锯齿】复选框以使边线光滑。
- 不勾选【Alpha 通道】复选框，因为不需要透明背景。
- 在【多个】选项卡中，不勾选【视图】复选框，只发布当前视图。
- 单击【另存为】，输入“Digger Detail”为文件名，单击【保存】。

使用高分辨率图像的工作间，软件将生成当前视图的一个 JPEG 文件。

步骤 34　保存并关闭文件

练习 3-1　使用 Digger 工具

练习使用 Digger 工具创建图 3-13 所示的 SOLIDWORKS Composer 文件。

a) 放大转向盘位置

b) X射线视图将移动角色并露出底盘

c) 放大轮胎区域，从模型中移除Digger

d) 增加光源以高亮显示操作装置，从模型中移除Digger

图 3-13　toy car. smg 文件

本练习将应用以下技术：

- Digger 工具。

从 Lesson03\Exercises 文件夹下打开 toy car. smg 文件。

注意

在创建下一个视图前请确保视图中的 2D 图像在面板中已经被隐藏。隐藏方法为选择 2D 图像面板并按〈h〉键，或在【协同】选项卡中清除 2D 图像前的复选框。如果在面板中将 2D 图像删除，当用户再次激活原始视图时，2D 图像将无法正常显示。

练习 3-2　练习更新视图

练习更新视图。完成本练习后，请保存为 SOLIDWORKS Composer 文件，使其中的视图与表 3-3 中显示的视图基本一致。

本练习将应用以下技术：

- 照相机对齐工具。
- 更新视图。
- Digger 工具。

从 Lesson03\Exercises 文件夹下打开 jig saw. smg 文件。激活表 3-3 中的位于“视图”列的视图。“操作方法”列中是实施具体改变的内容。更新该视图，使之和“更新后的视图”列中的结果基本一致。

表 3-3　更新视图

视图	操 作 方 法	更新后的视图
View1	不使用透视模式，选择缩放到合适大小	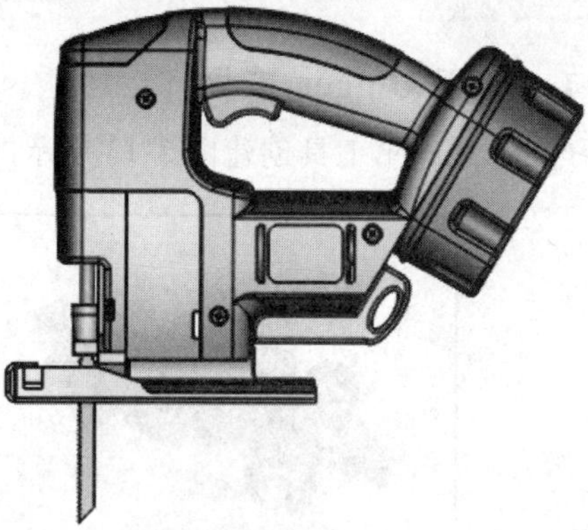
View2	移动 Digger 远离模型，使【更改兴趣点】的焦点指向“saw blade”角色	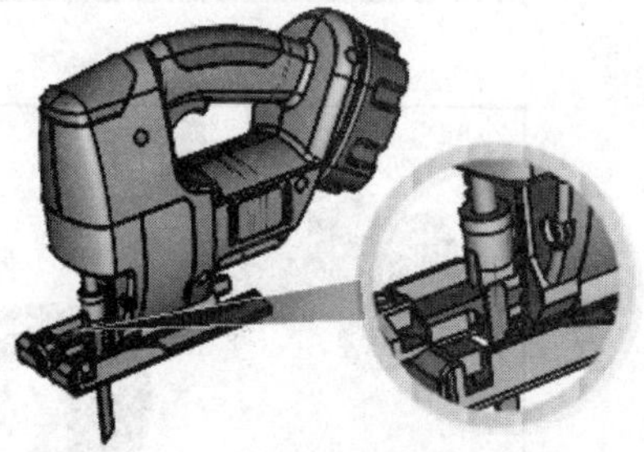
View3	创建一个自定义的照相机视图，Theta = 15°，Phi = 30°。之后再应用该自定义的照相机视图	

第4章　创建爆炸视图

- 切换角色的可视性
- 创建爆炸视图
- 添加标签和标注
- 控制角色样式的风格
- 创建矢量输出

扫码看视频

4.1　概述

本章将创建带有爆炸直线、标签和放大图的爆炸视图，然后发布一个矢量图形文件，如图 4-1 所示。

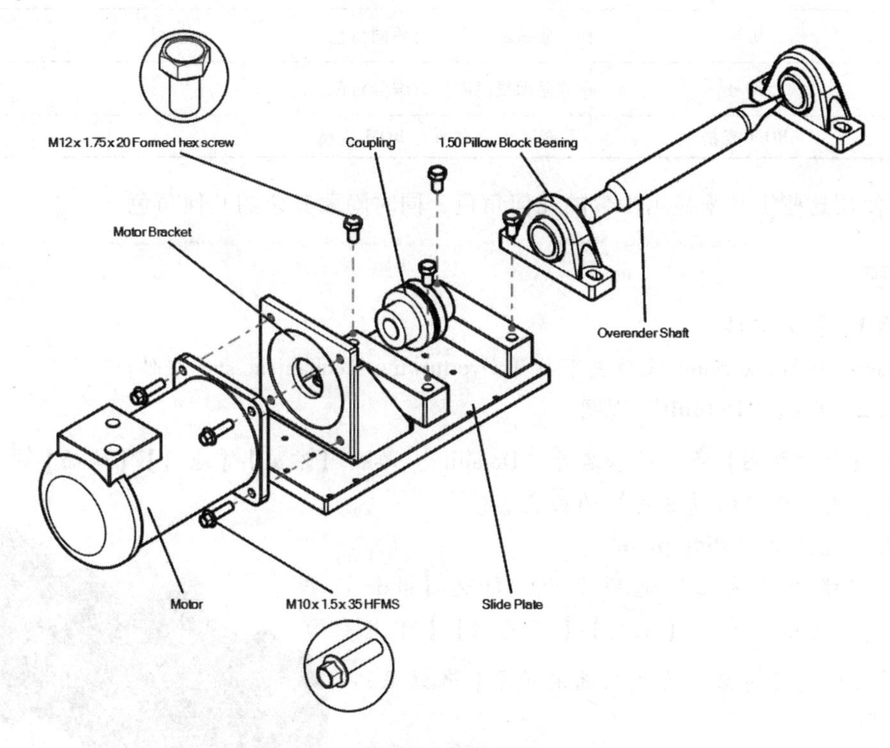

图 4-1　爆炸视图

4.2　可视工具

【主页】选项卡内可视性工具栏中的工具可以隐藏、虚化或显示角色。用户可以很方便地在同一时间改变几个角色的外观，见表 4-1。

表 4-1 可视工具

图标	工具名称	功能说明
	全部显示	显示所有角色
	显示所有几何图形	显示所有几何角色
	显示选定对象并隐藏未选定对象	显示所选角色，隐藏所有其他角色
	显示选定对象并虚化未选定对象	显示所选角色，虚化所有其他角色
	隐藏选定对象	隐藏所选的对象
	显示选定对象	显示所选角色
	虚化选定对象	虚化所选角色
	反转可视性	隐藏可视角色，显示隐藏的角色
	反转虚化对象的可视性	虚化可视角色，显示隐藏的角色
	取消虚化	将虚化角色返回到完全可视
	还原活动视图可见性	将所有角色的可视性恢复到上一次更新时的状态。其他属性不会被恢复，如颜色、不透明度、位置等
	可视时加载	在必要时角色可以被加载到模型中（本书将不介绍可视时加载这个工具）
	协同	显示或隐藏所有协同角色
	编号	显示或隐藏所有编号角色
	BOM 表格	显示或隐藏所有 BOM 表格

下面将使用这些工具来显示少数的几何角色，同时隐藏其余的几何角色。

操作步骤

步骤 1 打开文件

从 Lesson04\Case Study 文件夹下打开 Overturning Mechanism. smg 文件。

步骤 2 创建“Default”视图

单击【创建视图】，并命名为“Default”。单击【渲染】/【地面】/【地面】，关闭地面效果，更改视口的【底色】为白色。

步骤 3 仅显示“slide plate”

在左窗格的【装配】选项卡中，勾选【slide plate_&】复选框。单击【主页】/【可视性】/【可视性】/【显示选定对象并隐藏未选定对象】结果，如图 4-2 所示。

图 4-2 仅显示“slide plate”

步骤 4 隐藏“rail slides”

单击【主页】/【切换】/【选择】/【选择实例】，然后单击其中 1 个“rail_slide_&”以将所有实例选中。单击【主页】/【可视性】/【可视性】/【隐藏选定对象】。

步骤 5　创建视图

在状态栏上关闭【照相机透视模式】，单击【缩放到合适大小】，在【视图】选项卡上单击【创建视图】，重命名视图为 “Explode”。

4.3　爆炸视图

爆炸视图可以显示装配体中的零件彼此分离一定距离后的效果。用户在手册中使用爆炸视图来表示零件的布置。一般来说，爆炸视图与材料明细表和编号是相关联的，用于表达零件列表中的文件。

SOLIDWORKS Composer 中包含多种创建爆炸视图的方法。用户可以单独拖动选中的零部件并放置到新的位置，也可以使用【线性】、【球面】或【圆柱】爆炸视图，自动地在角色之间添加距离。爆炸视图中的工具见表 4-2。

表 4-2　爆炸视图中的工具

图标	工具名称	功能说明
	自由拖动模式	选择一个角色并将它拖到视口中的任意位置
	平移模式	选中一个角色将会在该角色上出现一个三重轴。选择三重轴其中一个轴，可以拖动该角色沿轴移动。选择三重轴的一个扇形区域，可以拖住一个角色在平行于该扇面的平面上移动
	旋转模式	选中一个角色，出现一个球形轴。选择球形轴的一条弧线，可以使所选角色绕着该弧线的轴线转动
	无变换模式	不可能进行变换。这是默认模式，在该模式下用户就不会犯不小心移动角色的错误
	曲线检测模式	此工具需结合【平移】和【旋转】功能。选择一个角色，单击这个工具，选择几何角色的一条边或一个面，然后进行拖动。沿着检测到的曲线所指定的方向，所选角色要么平移，要么旋转 用户也可以按住〈Alt〉键，然后选择几何角色的一条边或一个面，也可以达到相同效果 技巧：边或面并不要求与用户想要移动的角色相连或接近
	恢复中性位置	单击该工具可移动所选角色到它们的中性位置。中性位置是用户将装配体从 CAD 系统中导入时设定的 技巧：用户可以更新角色的中性位置。选择角色，在属性窗格中单击【设为中性属性】
	线性分解模式	当用户拖动角色时，自动在角色之间添加距离。爆炸的方向取决于用户选择的工具 提示：还有通过零件爆炸零件的工具。在做动画时这些工具将非常实用
	球面分解模式	
	圆柱分解模式	

当使用【线性】分解模式时，软件使用每个角色边界框的中心来决定其移动的距离。边界框中心沿着拖动方向移动越远的角色，其移动距离也越大。而从边界框中心距离拖动方向最远的角色，并不会移动。

技巧 使用【线性】分解模式时，需要选择一个不需要移动的角色。此角色将扮演主要角色，其应该位于要爆炸装配体角色的对面。

接下来使用移动和爆炸工具创建“slide plate”装配体的爆炸视图。

步骤 6　爆炸“motor”和“screws”

选择想要爆炸的角色，包括“motor_&”和 4 个将电机连接到电机支架上的“hex flange machine screw_am”角色。在组件的另一侧选择另外一个角色作为“锚点”，如在另一侧的轴承（“pb bearing_1. 50 bore_&”）。单击【变换】/【爆炸】/【线性】。单击三重轴的蓝色箭头，向左移动鼠标爆炸部件，如图 4-3 所示。再次单击以放置零件。

图 4-3　爆炸“motor”和“screws”

技巧 可以使用步骤 4 中的【选择实例】命令来选择所有螺栓。

技巧 确保角色仍旧保持在纸张边界（也称为纸张空间）内，以便在本章结束时正确地发布文档。单击【显示/隐藏纸张】可以查看纸张边界。

步骤 7　平移电机螺栓

选择 4 个“hex flange machine screw_am”角色，单击【变换】/【移动】/【平移】。单击三重轴的蓝色箭头，向左移动鼠标，使左侧已经爆炸的螺栓移动到电机法兰的左侧位置，如图 4-4 所示。

步骤 8　平移轴承螺栓

选择连接轴承和“slide plate_&”的 4 个“formed hex screw_am”角色。【平移】已处于激活状态，单击三重轴的绿色箭头，向上移动鼠标，使螺栓移到装配体的上面，如图 4-5 所示。

图 4-4　平移电机螺栓

图 4-5　平移轴承螺栓

步骤 9　爆炸轴、连接器和轴承

选择“overender shaft_&”“coupling_&”“pb bearing_1. 50 bore_& actors”以及“motor_&”（将其作为锚点），单击【变换】/【爆炸】/【线性】。单击三重轴的蓝色箭头，向右移动鼠标，爆炸所选角色，如图 4-6 所示。按〈Esc〉键两次取消选择角色并关闭【线性】工具。

图 4-6　爆炸轴、连接器和轴承

步骤 10　更新视图

单击【缩放到合适大小】，在【视图】选项卡上选择“Explode”视图并单击【更新视图】。

步骤 11　保存文件

4.4　协同角色

SOLIDWORKS Composer 程序包含很多可以在视图中进行标记和标注的工具，包括红线标注工具、箭头、图像、标签、编号等。这些标记和标注都属于左窗格【协同】选项卡中的协同角色。

4.4.1　爆炸直线

爆炸直线表示角色从组装位置到爆炸位置的路径。在 SOLIDWORKS Composer 中有一些工具可以创建爆炸直线。用户可以手动绘制，也可以参照角色的中性位置自动生成，或者根据角色的动画路径自动创建爆炸直线。在本章中，将使用后两种方法分别创建爆炸直线。

下面将为“slide plate_&”的 8 个螺栓角色创建自动爆炸直线。用户可以为角色创建从中性位置到爆炸位置的路径。这些路径可以关联也可以不关联。角色如果移动，关联路径会自动更新，非关联的路径则无法更新。

步骤 12　创建关联路径

选择之前爆炸的 8 个螺栓，单击【作者】/【路径】/【路径】/【创建中性元素的关联路径】，如图 4-7 所示。

相对于紧固件来说，这些爆炸直线的样式太黑太粗了。接下来更改爆炸直线的属性，让部件更明显。

步骤 13　更改爆炸直线属性

选择所有 8 个路径。

技巧　可以在【协同】选项卡的【路径】中选择它们。

在属性窗格中更改以下属性：

- 【总在最上端】：不勾选复选框。
- 【前线】/【宽度】：拖动滚动条到 0.5。
- 【前线】/【颜色】：选择灰色。

效果如图 4-8 所示。

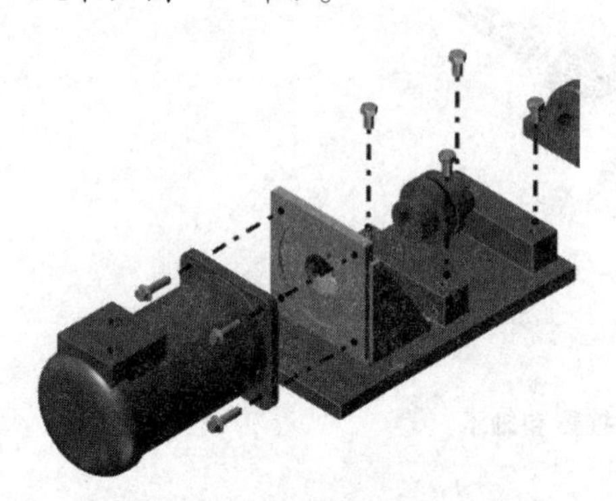

图 4-7 创建关联路径

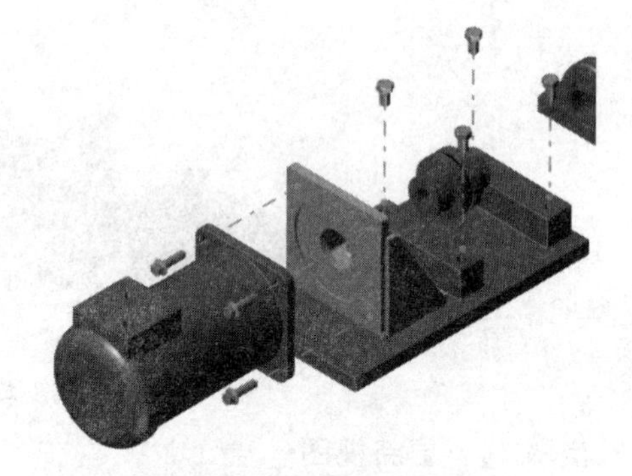

图 4-8 更改爆炸直线属性

4.4.2 标签

标签是指向几何角色的带有文本框的装配体标注。在默认情况下，标签的文本显示几何角色的名称。用户可以使其显示中间属性、自定义的文字，或二者的组合。为了显示替代文本，需选择标签并更改文本和字符串的属性。

步骤 14 为几何角色添加标签

单击【作者】/【标注】/【标签】，单击一个几何角色，如“motor_&”，然后单击放置标签。

对其他几何角色重复以上操作，为每一类角色添加标签，如图 4-9 所示。当完成标签添加时，按〈Esc〉键关闭标签工具。

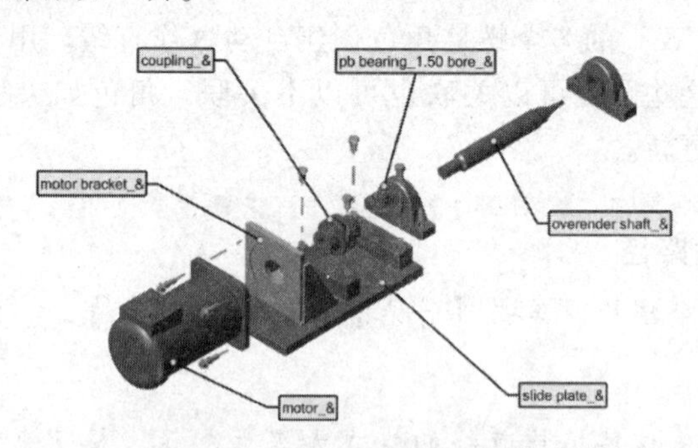

图 4-9 为几何角色添加标签

步骤 15 更改标签文字

选择所有标签。用户可以在【协同】选项卡的【标注】内全部选择它们。观察属性窗格中的文本属性，内容链接的是角色的名字。更改文本链接的属性为 Description (Meta. Description)，这是从 CAD 应用程序中导入的元属性，如图 4-10 所示。

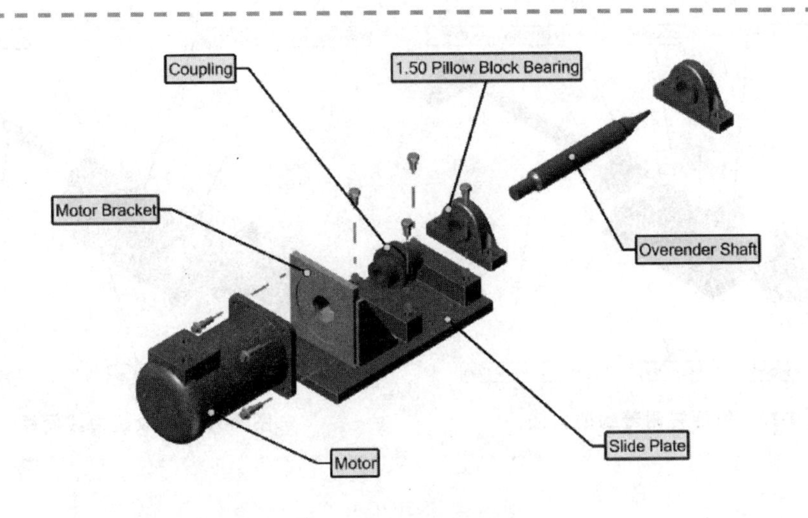

图 4-10　更改标签文字

提示　SOLIDWORKS Composer 支持从 SOLIDWORKS 文件以及各种其他文件类型（包括 *.prt、*.asm 和 *.stp 文件）导入元属性。

4.4.3　磁力线

磁力线可以调整协同角色，如注释、测量和 2D 面板。用户可以拖动磁力线拾取角色，或拖动角色到磁力线。可以通过修改磁力线的长度或自定义磁力线的间距属性来改变在磁力线上协同角色之间的距离。

磁力线出现在 SOLIDWORKS Composer 的视口中，但它们不在应用程序创建的 2D 或 3D 输出中出现。

步骤 16　创建磁力线

单击【作者】/【工具】/【磁体】/【创建磁力线】。在顶部一排角色上单击一下作为磁力线的起点，水平移动鼠标，再单击一下作为磁力线的终点。

重复以上操作，在底部一排角色下创建一条磁力线，如图 4-11 所示。按〈Esc〉键关闭工具。

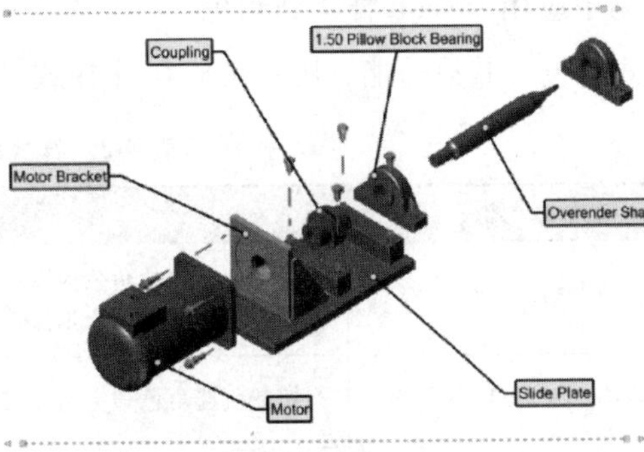

图 4-11　创建磁力线

步骤 17　将标签附着到磁力线

将一些标签拖动到装配体上方的磁力线上，另一些标签拖动到装配体下方的磁力线上，如图 4-12 所示。

步骤 18　更改磁力线间距

选择上方磁力线并更改【间距】属性，从【一致】切换到【自定义】，如图 4-13 所示。现在，用户可以沿磁力线随意拖动放置标签，而不需要自动重新定位。

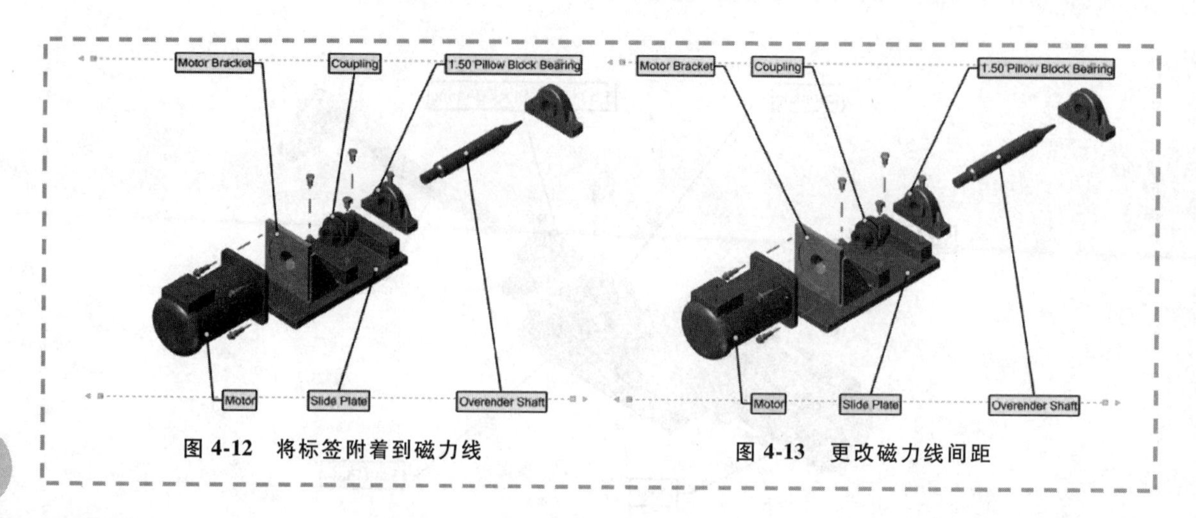

图 4-12　将标签附着到磁力线　　　　图 4-13　更改磁力线间距

4.5　样式

样式包含一组控制角色外观的属性。使用样式可以让用户很容易实现一致的角色外观。属性窗格所含的所有属性都可以应用到样式，例如，3D 箭头的样式包含设定不透明度、颜色、边框等属性。样式可以修改已有的或新的角色外观。

样式与使用系列属性的角色类型相关。例如，创建一个标签的样式时，将样式工作间的系列属性设定为【标注】，适用于所有角色类型的样式将采用【常规】的系列属性。

设置系列属性的好处是双重的。所有样式会按照系列在【样式】选项卡的样式预览中分类排序，如图 4-14 所示。每个系列都可以拥有自己的默认样式，默认情况下该样式会默认地应用到该系列的新角色上。即在没有注意的情况下，用户已经在使用样式了。用户创建的所有协同角色都采用了“Default Style”（默认样式）。如果没有为系列指定默认样式，软件将从【常规】系列中应用 Default 样式到角色。

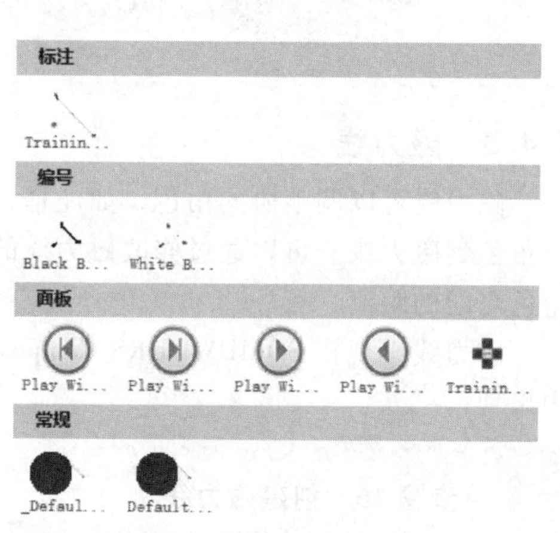

图 4-14　样式预览

样式还包含其他功能，用户可以在【样式】选项卡或工作间的样式中找到，见表 4-3。

表 4-3　样式的功能及作用

工具或功能	说　明
自动定制	自动定制新的角色为默认的系列样式。当角色定制为一种样式时，在样式发生更改时角色会自动更新。用户不能更改属性窗格中已经定制的属性，必须更新样式来更改属性
取消定制	切断所选角色和定制样式之间的关联
应用一种样式	选择角色后再选择一种样式。更改样式时角色不会更新，而不像被定制在一种样式的角色
快速样式	从所选角色的属性中新建一种样式
设为默认值	对通过系列属性定义的角色系列，使用当前样式作为默认值

提示 用户不能定制或修改 Default 样式。

步骤 19 打开样式工作间

单击【工作间】/【属性】/【样式】。

步骤 20 选择标签

选择一个标签，这类角色的属性会出现在样式工作间中。

步骤 21 新建样式

在样式工作间顶部工具条上单击【新建】，如图 4-15 所示。输入“TrainingLabels”作为样式名并单击【确定】。

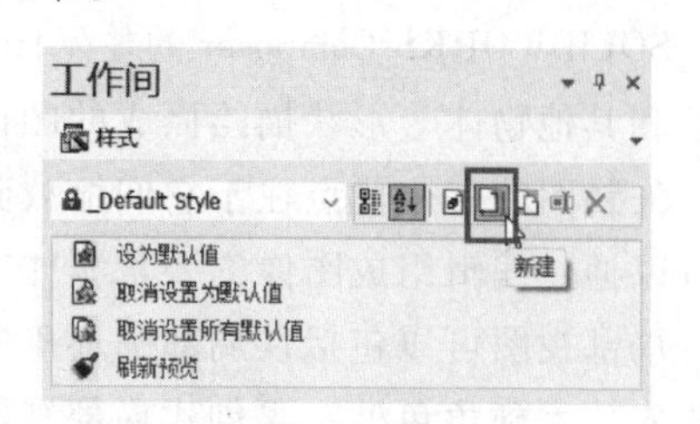

图 4-15 新建样式

步骤 22 定义样式

单击【显示样式属性和选定对象属性】，在样式工作间中设置以下属性：

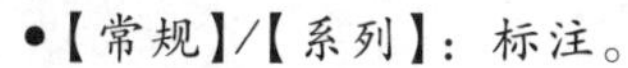

- 【常规】/【系列】：标注。
- 【文本】/【文本】：Description（Meta. Description）。
- 【标签】/【外形】：无。
- 【附加线】/【类型】：简单。

提示 直到定制或应用样式，选定的标签才会改变。

步骤 23 应用样式

选择所有标签，在【样式】选项卡的样式预览中单击“TrainingLabels”样式，效果如图 4-16 所示。

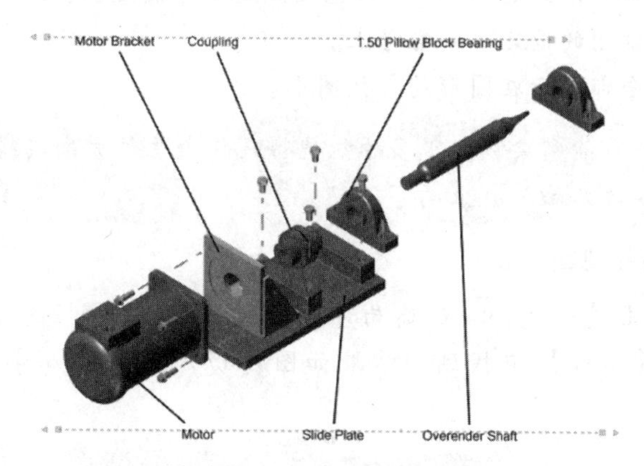

图 4-16 应用样式

步骤 24 关闭样式工作间

关于样式的一些注意事项如下：

- 样式是自动保存的。
- 样式被保存为 *.smgStyleSet 文件。这些文件可以存放在服务器上并被其他用户引用。单击【文件】/【首选项】/【Data Paths】设置路径。

- 定制的样式不支持动画。为了角色能够在动画中使用样式，需要应用样式。

步骤 25　更新视图并保存

选中“Explode view”视图，单击【更新视图】。单击【保存】。

4.6　输出矢量图

SOLIDWORKS Composer 的技术图解工作间可生成矢量图。矢量图是通过诸如线条、多边形、文字和其他物体等形状描绘而成的图像。

矢量图的一个优点在于它们缩放到任意大小都不会丢失图像的分辨率或完整性；另一个优点是可以通过编辑组成图像的要素实体来编辑矢量图。

局部视图可以包括在局部圆环里的所有角色或选定的角色。为了提高局部视图的质量，用户需要先放大到角色处，再创建局部视图。

步骤 26　创建照相机视图

在【视图】选项卡中单击【创建照相机视图】，将该视图重命名为“Explode Camera”。

步骤 27　打开技术图解工作间

单击【工作间】/【发布】/【技术图解】。

步骤 28　准备局部视图

在技术图解工作间中，在【轮廓】下方选择【HLR（high）】，在【向量化】下勾选【细节视图】复选框，圆形局部视图会出现在视口中。

步骤 29　定位局部视图

对其中一个“formed hex screw_am”角色按照如下方法定位：

- 拖拉圆形局部视图的边定位到螺母上。
- 放大直到螺母全部显示在圆形局部视图中。

技巧　用户可能需要放大很多才能使得几何角色位于细实线圆中，但这样得到的局部视图的品质会很高。

步骤 30　创建局部视图

在工作间中，单击【创建】创建局部视图。局部视图是 2D 矢量图，可以在【协同】选项卡下部的【面板】中找到。结果如图 4-17 所示。在局部视图环上单击【关闭】。

图 4-17　创建局部视图

步骤 31　更改局部视图

选择 2D 矢量图，在属性窗格中更改局部视图。

- 在【放置】/【宽度】中输入“25”。
- 在【附加线】/【类型】中选择【无】。
- 不勾选【阴影】/【显示】复选框。

步骤 32　激活照相机视图

双击“Explode Camera”视图，将返回到之前照相机的方位和缩放程度。如果弹出对话框询问是否想要保存当前视图，单击【不保存】。

步骤 33　移动局部视图

拖动局部视图以将其移动到磁力线上部，结果如图 4-18 所示。

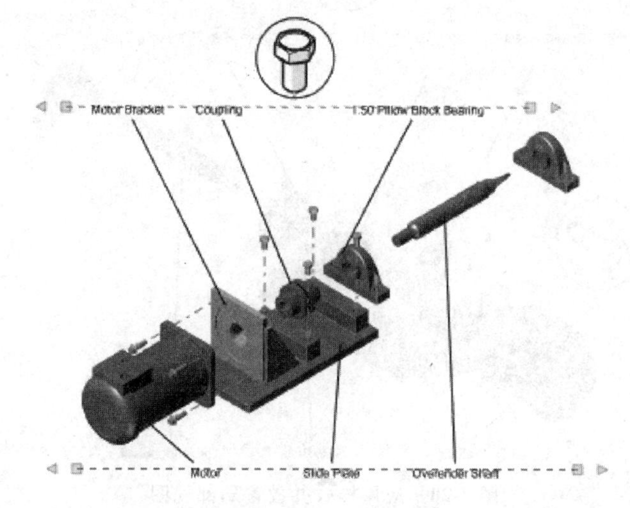

图 4-18　移动局部视图

步骤 34　新建样式

单击【工作间】/【属性】/【样式】。在样式工作间顶部的工具栏中单击【新建】，在名称中输入“TrainingDetails”并单击【确定】。

步骤 35　定义样式

选择局部视图，使它的属性呈现在样式工作间中。

单击【显示样式属性和选定对象属性】，在样式工作间中勾选下列属性：

- 【系列】/【面板】。
- 【附加线】/【类型】。
- 【放置】/【宽度】。
- 【阴影】/【显示】。

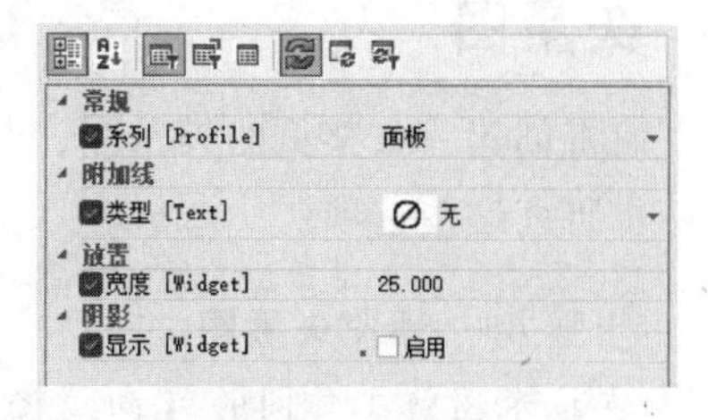

图 4-19　定义样式

单击【仅显示样式属性】以显示刚指定的属性，如图 4-19 所示。

提示　用户无须设置【放置】/【宽度】、【附加线】/【类型】和【阴影】/【显示】的数值，因为这个样式会继承所选局部视图的数值。

步骤 36　创建更多局部视图

重复以上步骤，为另一个“hex flange machine screw_am”角色创建一个局部视图，但不要和之前一样单个地变更属性。

提示 如果在创建局部视图时选择了几何体角色，则会仅显示该角色。

步骤 37　对该局部视图应用“TrainingDetails”样式

选中局部视图后，单击【样式】，选择“TrainingDetails”。将局部视图放置在靠近“hex flange machine screw_am”的位置，如图 4-20 所示。

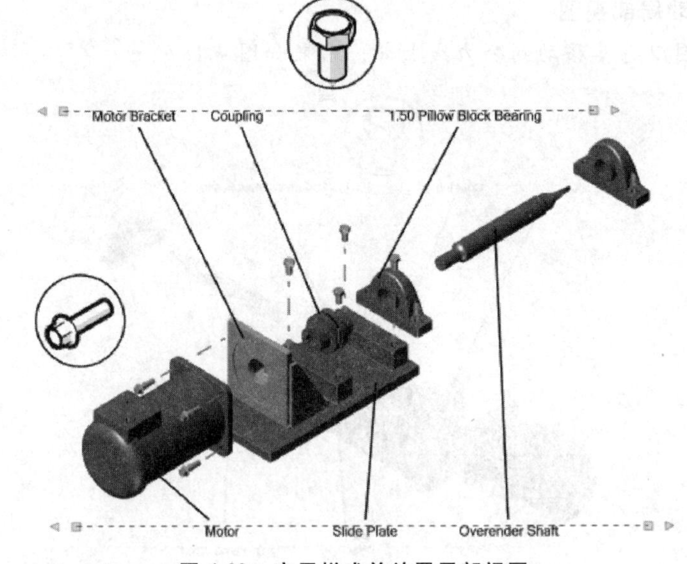

图 4-20　应用样式并放置局部视图

步骤 38　激活照相机视图

双击“Explode Camera”视图，返回到之前照相机的方位和缩放程度。

步骤 39　更新视图

在【视图】选项卡中选择“Explode”视图并单击【更新视图】，预览缩略图更新了。

4.7　矢量图

下面将创建一张整页的矢量图，并保留技术图解工作间的选项为默认设置。在后面的课程中会进一步研究这些选项。

步骤 40　预览矢量图

在技术图解工作间的【向量化】中，取消勾选【细节视图】复选框，单击【预览】。一个矢量图在默认的浏览器中打开。注意，矢量图中并不显示磁力线。

步骤 41　创建矢量图

在工作间中，单击【另存为】。在【向量化另存为】对话框中，输入“Explode”作为文件名并保存。应用程序会自动追加.svg 文件扩展名。

步骤 42　打开矢量图

在 Windows 资源管理器中，双击 Explode. svg 文件用默认的浏览器打开，如图 4-21 所示。

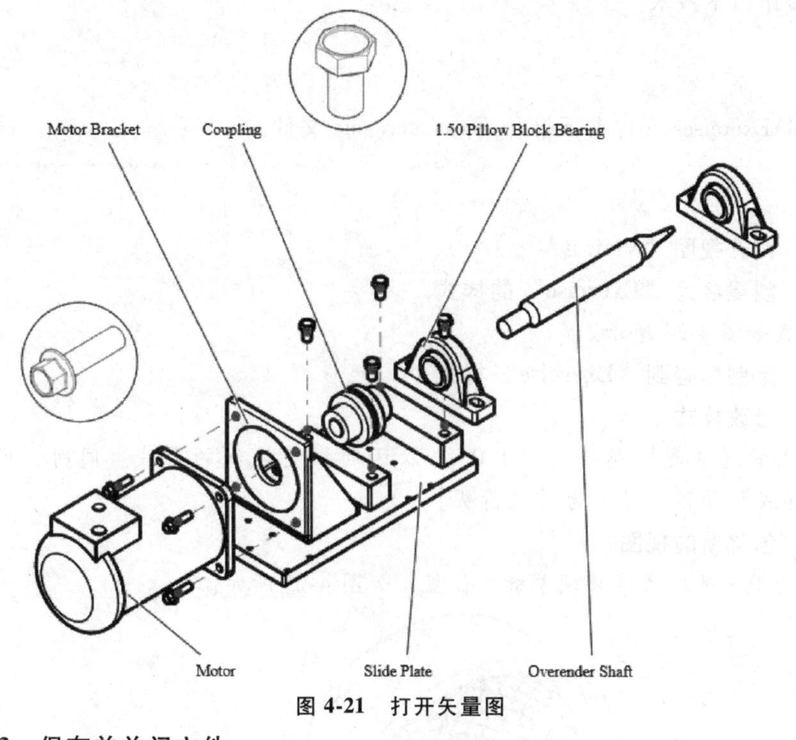

图 4-21　打开矢量图

步骤 43　保存并关闭文件

练习 4-1　创建爆炸视图

练习使用变换工具。通过完成本练习，创建如图 4-22 所示的视图并将其输出。

本练习将应用以下技术：

- 爆炸视图。

从 Lesson04\Exercises 文件夹下打开 jig saw. smg 文件。

技巧

- 使用【平移】和【旋转】爆炸“jig saw”的外壳。
- 用户需要更改视图从而将角色旋转至合适位置。
- 使用【平移】和【曲线检测】模式爆炸电池到合适位置。

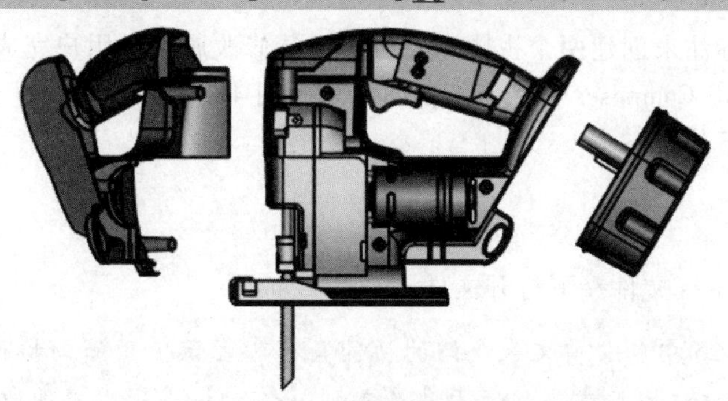

图 4-22　创建爆炸视图

练习 4-2 创建和应用样式

练习创建和应用一种样式。用户完成本练习时，需将新视图保存为 SOLIDWORKS Composer 文件，新视图要求和图 4-23 所示的样式基本一致。

本练习将应用以下技术：

- 磁力线。
- 样式。

从 Lesson04\Exercises 文件夹下打开 seascooter. smg 文件。

操作步骤

步骤 1 打开视图 “View 1”

步骤 2 创建名为 “Exercise” 的样式

属性参数如图 4-24 所示。

步骤 3 定制标签到 “Exercise” 样式

步骤 4 修改样式

更改样式的【宽度】属性为 “1.0”，以区别模型边线的引线。同时，增加【附加线】/【箭头样式】属性并设定为【粗箭头】。

步骤 5 创建新的视图

在左侧使用一条磁力线来调整标签位置，如图 4-23 所示。

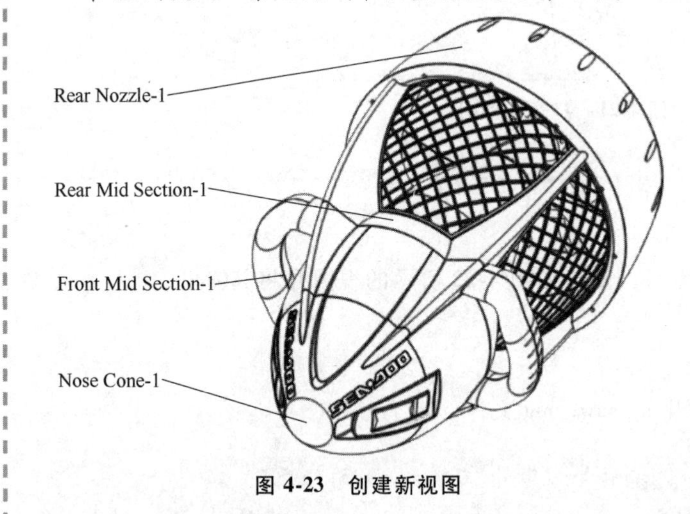

图 4-23 创建新视图

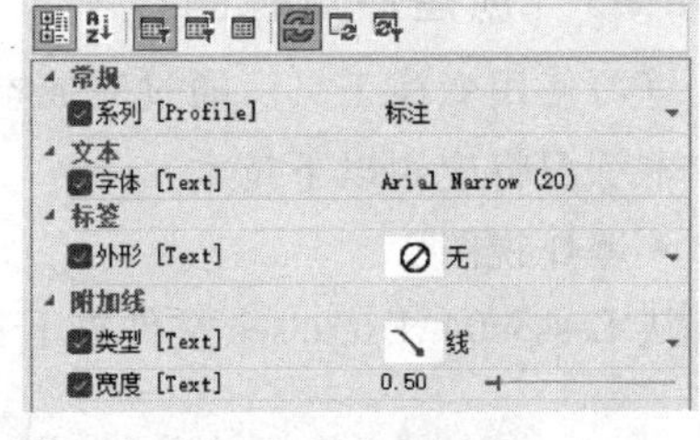

图 4-24 属性参数

练习 4-3 标记和标注

练习使用标记和标注来创建两个视图，在必要时请修改属性。用户完成本练习后，需将新视图保存为 SOLIDWORKS Composer 文件，新视图要求和图 4-25 基本一致。

本练习将应用以下技术：

- 爆炸直线。
- 协同角色。

从 Lesson04\Exercises 文件夹下打开文件 gear box. smg。

提示

图 4-25 中包含前文未介绍的协同角色。尝试使用新的协同角色是非常好的学习方法，因为本书内容无法覆盖到【作者】选项卡中的所有工具。

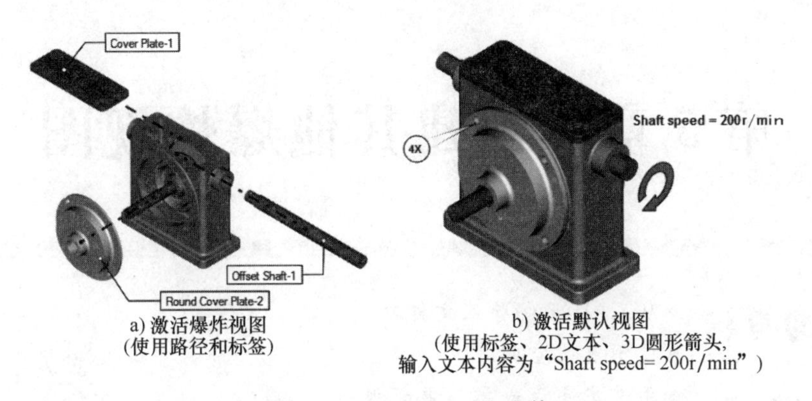

a) 激活爆炸视图
(使用路径和标签)

b) 激活默认视图
(使用标签、2D文本、3D圆形箭头，
输入文本内容为“Shaft speed= 200r/min”)

图 4-25　gear box. smg 文件

测试协同角色的各种属性是一种很好的练习方法。可选择一个角色，然后在属性窗格中修改它的形状、不透明度和半径等。

练习 4-4　可视性和渲染工具

练习使用可视化工具来隐藏及显示角色，使用渲染工具来添加可视化效果。在必要时请更改视口的颜色。用户完成本练习时，需将新视图保存为 SOLIDWORKS Composer 文件，要求新视图和图 4-26 基本一致。

本练习将应用以下技术：

- 渲染工具。
- 可视性。

从 Lesson04\Exercises 文件夹下打开 jig saw. smg 文件。

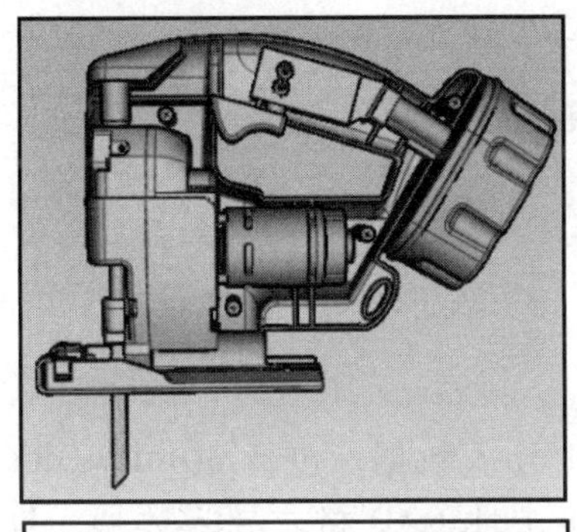

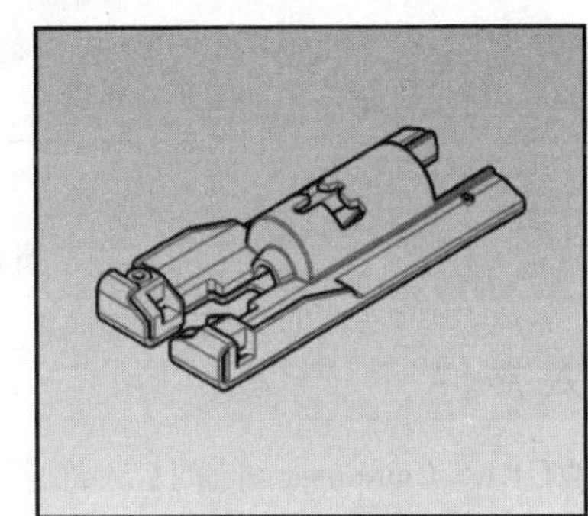

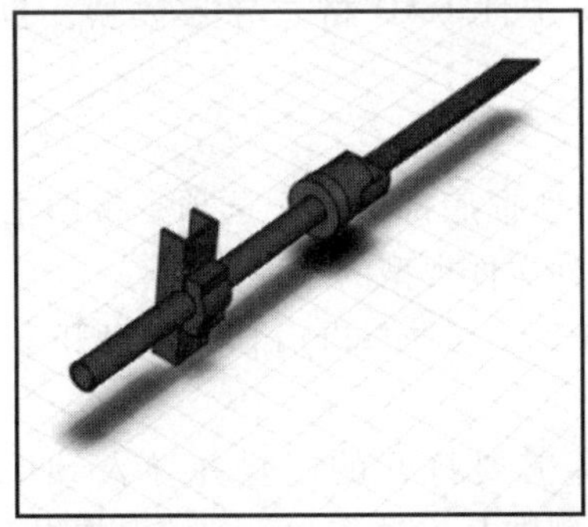

更改视口的垂直轴属性以对齐网格和阴影

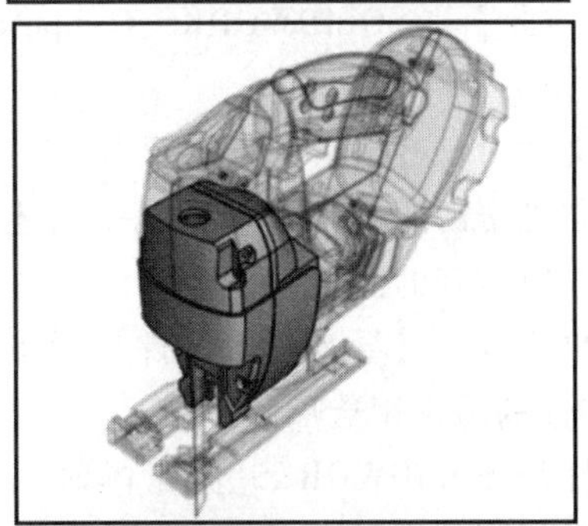

更改虚影不透明度。用户需要进入【文件】/【属性】/【文档属性】/【视口】并拖动虚影不透明度滑块。重载视图以查看更改后的效果

图 4-26　jig saw. smg 文件

第5章　创建其他爆炸视图

学习目标

- 从CAD系统导入文件
- 使用纸张空间
- 用选定角色或属性更新视图
- 对齐几何角色
- 创建爆炸直线
- 创建自定义视图

扫码看视频

5.1　概述

本章将通过合并两个文件并添加爆炸直线来生成增强型的爆炸视图，示例文件如图5-1所示。

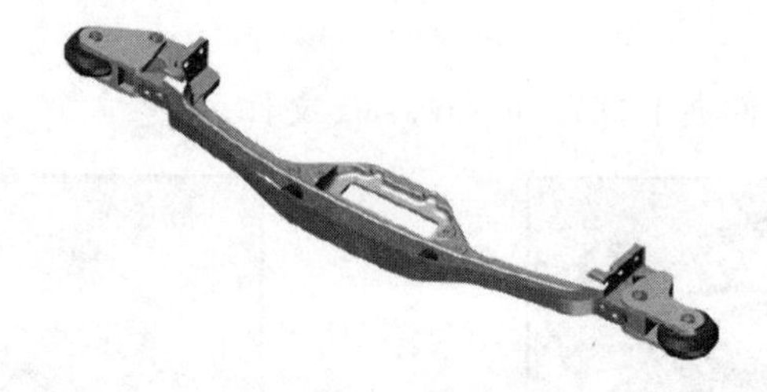

图5-1　示例文件

5.2　导入文件

SOLIDWORKS Composer可直接从许多CAD系统中导入数据，包括SOLIDWORKS和其他CAD系统。此外，SOLIDWORKS Composer可以从许多中性CAD格式导入数据，包括IGES、STEP等。

导入文件时，有以下几点需要考虑：

•在联机帮助的“输入”主题中描述了【打开】对话框底部的每个选项。帮助主题还包含一个导入选项矩阵的链接，该矩阵详细说明了适用于每种文件类型的选项。

•用户可以将【导入配置文件】设置为【SOLIDWORKS（Default）】，作为打开本机SOLIDWORKS文件的最常用选项。

•当打开SOLIDWORKS装配体时，用户可以选择需要打开的配置并导入SOLIDWORKS BOM。如果打开的配置中还包含爆炸视图，用户会在【视图】选项卡中看到该爆炸视图。

•除非用户明确需要将多实体零件作为单独的角色来对待，否则都应该选择将文件合并到一个零件角色。这样装配树将变得更加简洁，并且当原始CAD装配体文件发生变化时，也能成功地更新文件。

在本章中，将从SOLIDWORKS CAD系统导入一个挡圈工具（RetainingRingTool）。

操作步骤

步骤 1　导入 SOLIDWORKS 文件

单击【文件】/【打开】，将【文件类型】更改为【所有授权 3D 文件】。浏览到 Lesson05 \ Case Study 文件夹下的 RetainingRingTool. sldprt 文件，将【导入配置文件】设置为【SOLIDWORKS（Default）】，用户可以查看这些默认选择的选项。单击【打开】，如图 5-2 所示。在以后的步骤中会将此文件与另一个 SMG 文件合并。

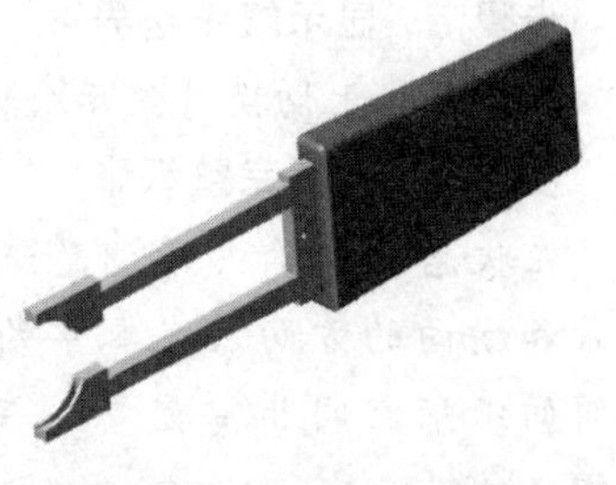

图 5-2　导入 SOLIDWORKS 文件

提示：为了完成此操作，用户需要在装有 SOLIDWORKS Composer 的设备上同时安装 SOLIDWORKS Importer 或 SOLIDWORKS 软件。如果没有安装 SOLIDWORKS Importer 或 SOLIDWORKS 软件，请在 Lesson05 \ Case Study 文件夹中打开 RetainingRingTool. smg 文件，而不是使用 CAD 源文件。

步骤 2　保存为 SMG 文件

单击【保存】，在【文件名】中输入“RetainingRingToolSW. smg”，单击【保存】。关闭文件。

步骤 3　打开文件

从 Lesson05\Case Study 文件夹下打开 ACME-259A. smg 文件，如图 5-3 所示。

步骤 4　确认样式

在【样式】选项卡中，单击“Default”并使用该样式。在之前的章节和练习中已经用过其他的样式。

步骤 5　显示视图

在【视图】选项卡中双击“Wheel1”视图。

步骤 6　创建照相机视图

单击【创建照相机视图】，命名该视图为“Wheel Camera”。在完成部分角色的定位后，将使用该视图返回到原方位。

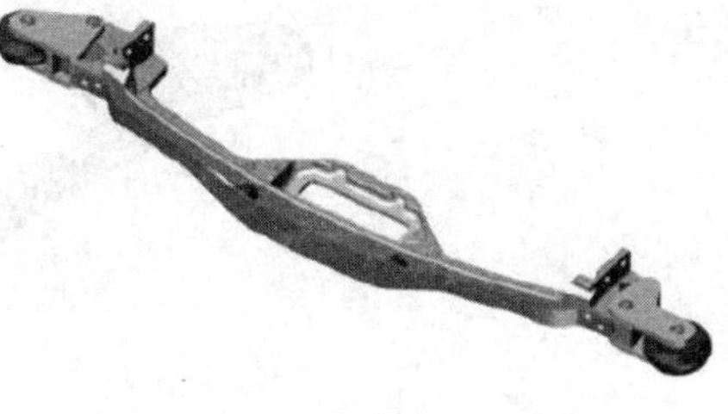

图 5-3　打开文件

5.3　纸张空间

纸张空间用于显示用户的场景适合怎样的纸张大小。所有 2D 对象（如 2D 面板）和尺寸（如线宽和字体高度）都被定义在纸张空间中，以适应视口的大小。技术图解和高分辨率图像工作间可以使用文档的纸张空间。纸张空间是一个文档属性，所以在同一装配体的不同视图中，它不能被更改。

位于状态栏上的命令用于显示和浏览纸张空间，具体见表 5-1。

表 5-1　纸张空间命令

符　号	命　令	说　明
	显示/隐藏纸张	显示或隐藏纸张的边界
− 或 +	缩放纸张	缩小或放大纸张空间
	调整纸张至适合视口	在视口内显示整个纸张空间

为了观察纸张空间，下面先来查看已有装配体视图。

步骤 7　显示纸张边界

在状态栏上切换【显示/隐藏纸张】，可以查看带有和不带有纸张边界的视口。

步骤 8　查看完整纸张

在状态栏上单击【调整纸张至适合视口】。该文档视图使用的纸张空间是 Letter 格式和横向的方向。在本章的后面会学习将多个文件合并成一个，因此两个文档使用相同的纸张空间非常重要。在设置默认文档属性后导入的装配体会使用相同的纸张空间。

步骤 9　为以后的装配体设置纸张空间

单击【文件】/【属性】/【默认文档属性】/【纸张空间】，【格式】选择【Letter】，【方向】选择【横向】，单击【确定】。

步骤 10　合并挡圈工具到当前文件

单击【文件】/【打开】。浏览到 Lesson05 \ Case Study 文件夹下的 RetainingRing-Tool. sldprt 文件。选择【合并到当前文档】，单击【打开】。

步骤 11　使文件可见

激活“Wheel”视图并缩放以查看到整个模型。在【装配】选项卡内勾选【Retaining-RingTool】复选框，确保该模型可见，如图 5-4 所示。此时用户可能很难看到该挡圈工具，因为它最初位于“bumper”组件的中心附近。在下面的步骤中，将重新定位它。

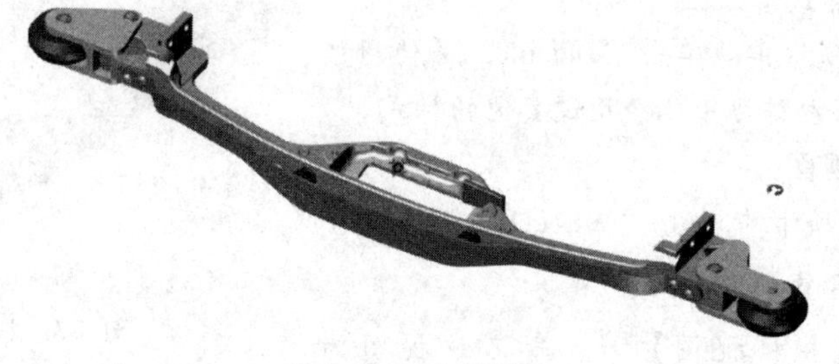

图 5-4　使文件可见

步骤 12　添加挡圈工具到视图

单击“Wheel Camera”视图以重新定位照相机，提示保存新视图时，单击【不保存】。选择“Wheel1”视图并单击【更新视图】，此时在这个视图中可以看到挡圈工具。

步骤 13　保存文件

步骤 14　合并另一个文档

单击【文件】/【打开】，选择【文件类型】为【SOLIDWORKS Composer (. smg)】，浏览到 Lesson05 \ Case Study 文件夹并选择 Library. smg 文件。单击【合并到当前文档】，单击【打开】。在 Library. smg 文件中的协同角色被合并到当前的装配体中。

5.4　用选定角色更新视图

用户可以使用选定角色的位置和属性更新选定的视图。例如，用户可以在选定的视图组中更改一个角色的颜色。本节将更新选定视图的角色可视性。

步骤 15　用选定角色更新选定的视图

激活将 Library. smg 文件合并到当前装配体时出现的新视图。在视口中，选择“Safety Glasses Required”文本框。在【视图】选项卡中选择“Wheel1”和“Fork1”视图。在【视图】选项卡中单击【用选定角色更新视图】。重复操作，将图标添加到“Default”“Wheel1”和“Fork1”视图。

步骤 16　显示视图

在【视图】选项卡中双击“Wheel1”视图，结果如图 5-5 所示。

图 5-5　显示视图

5.5　角色对齐

SOLIDWORKS Composer 提供了对齐工具以帮助用户在装配体中正确地放置角色。用户可以将一个角色与另一个角色边对齐、面对齐和轴对齐等，也可以将一个角色的对齐方式应用于其他角色，以沿着类似的路径转换角色。用户需要对齐角色的原因可能包括移动在 CAD 系统中放置不正确的文件或将导入 SOLIDWORKS Composer 装配体的角色定位，例如本章中提到的挡圈工具(RetainingRingTool)。

为了对齐角色，用户需要选择一个角色上的圆周边或平面，然后选择目标角色上的对应元素。有时候对齐的结果与期望的相反，是因为轴或者平面的法线方向是相反的。假如发生类似情况，可以在选择第二个元素的同时按住〈Shift〉键。

对齐不是永久性的。对齐工具可以移动角色，但不是永久地附加它们的对齐关系。如果对齐了两个平面，用户随后也可以将其中一个面对齐到其他的面或创建爆炸视图。

步骤 17　对齐挡圈工具（RetainingRingTool）

选择“RetainingRingTool”，使用【变换】/【移动】工具将其移动到视口内。单击【变换】/【对齐】/【对齐】/【线对齐/轴对齐】，选择工具头部的圆环边线，再选择挡圈(RetainingRing)的圆环边线，如图 5-6 所示。

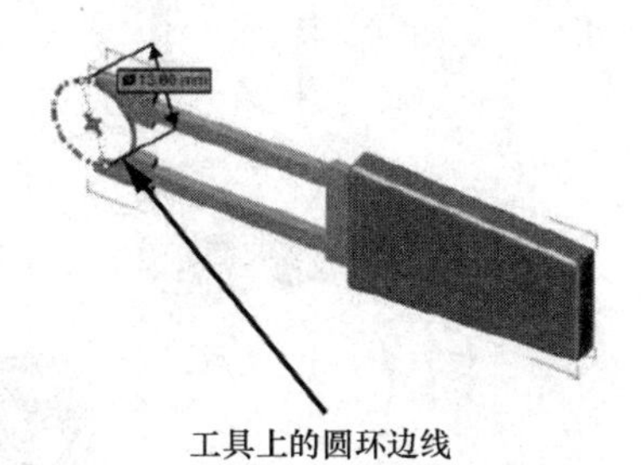

工具上的圆环边线

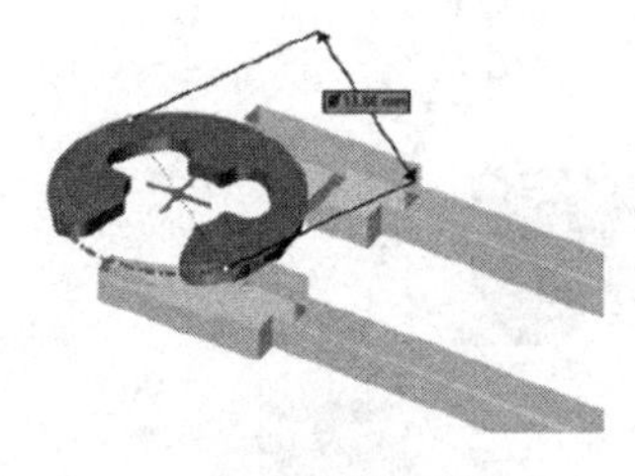

工具对齐的预览

图 5-6　对齐挡圈工具

步骤 18 旋转挡圈工具

选择“RetainingRingTool”，单击【变换】/【移动】/【旋转】，按住〈Alt〉键并单击挡圈的圆环边线，以便工具围绕挡圈的中心旋转。将挡圈工具旋转 90°，如图 5-7 所示。

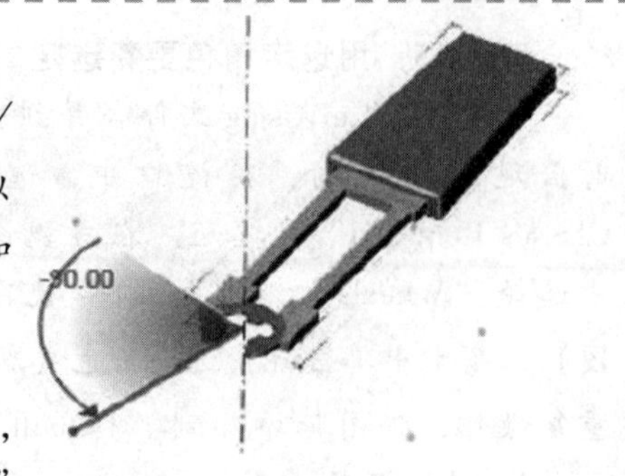

图 5-7 旋转挡圈工具

步骤 19 更新视图

双击“Wheel Camera”视图，如果提示保存视图，单击【不保存】。在【视图】选项卡中选中“Wheel1”视图并单击【更新视图】。

5.6 爆炸直线

在前面的章节中，用户通过角色中性位置在创建的关联路径中添加了爆炸直线，在本章中将重复这个过程，绘制更高级的路径。此外，由于创建关联路径并非在所有情况下都起作用，用户需要绘制多段线来表示一条爆炸直线。

步骤 20 添加路径

激活“Fork1”视图，选择视图顶部的一个挡圈。单击【作者】/【路径】/【路径】/【创建中性元素的关键路径】。

从中性位置到螺纹的路径最初显示为一条直线，如图 5-8 所示。这种情况对于此案例无法正常工作，因为用户需要的爆炸直线要经过销钉。

步骤 21 修改路径属性

选取关联路径，在属性窗格中修改以下属性：

- 【构造模式】：基于世界坐标轴。
- 【轴序】：YZX。

结果如图 5-9 所示。情况好了一些，但仍然不正确，该线需要从挡圈进入销钉。下面将手动绘制多段线为路径。

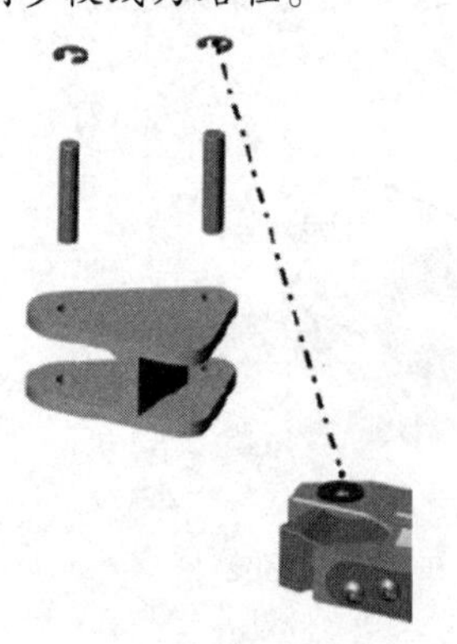

图 5-8 添加路径

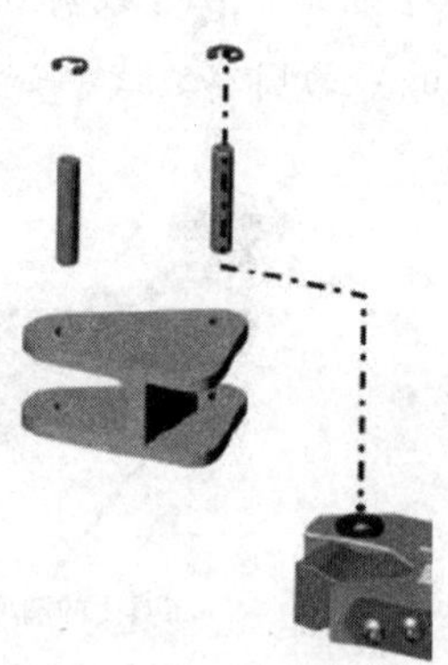

图 5-9 修改路径属性

步骤 22　删除之前的路径

反复按〈Ctrl+Z〉键以撤销创建的路径。

步骤 23　设置转折线起点

单击【作者】/【标记】/【折线】。按住〈Alt〉键并单击角色的圆形边设置转折线的起点（通过按住〈Alt〉键，捕捉到圆形边的中心）。再单击并放置起点后，就可以释放〈Alt〉键，如图 5-10 所示。

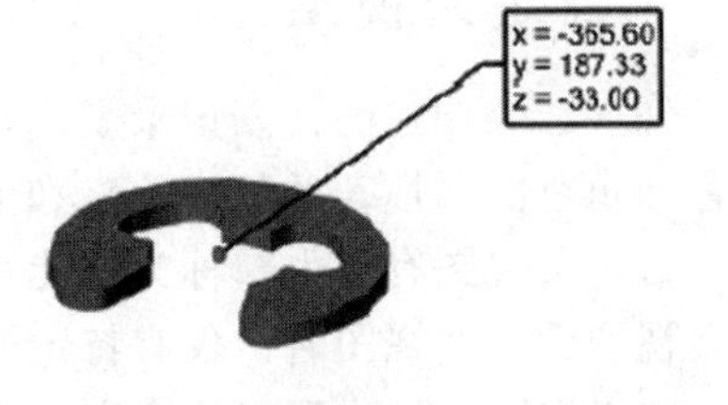

图 5-10　设置转折线起点

步骤 24　设置转折线终点

按住〈Alt〉键并单击第二个角色的中心，右键单击设置转折线终点，如图 5-11 所示。按〈Esc〉键关闭转折线工具。

步骤 25　修改转折线属性

选中转折线，在属性窗格中修改以下属性：

- 【总在最上端】：不勾选此复选框。
- 【前线】/【颜色】：选择灰色。
- 【前线】/【类型】：选择点画线线型。

> 技巧　在属性窗格内还有其他的转折线属性，这些属性不适合大多数爆炸直线。【关闭】属性是将转折线转换为封闭路径。【平滑渲染】属性是将转折线路径中的任何尖角进行圆滑。

接下来必须调整转折线，从而延伸到销钉。

步骤 26　调整转折线

如图 5-12 所示，将光标移动到转折线端点直到出现锚点，拖动端点，该点可以自由移动。

按住〈Alt〉键并继续拖动，现在只能沿其原有的轴线延伸转折线。拖动端点，直到它延伸到销钉孔，释放鼠标左键生成终点，然后松开〈Alt〉键，如图 5-13 所示。

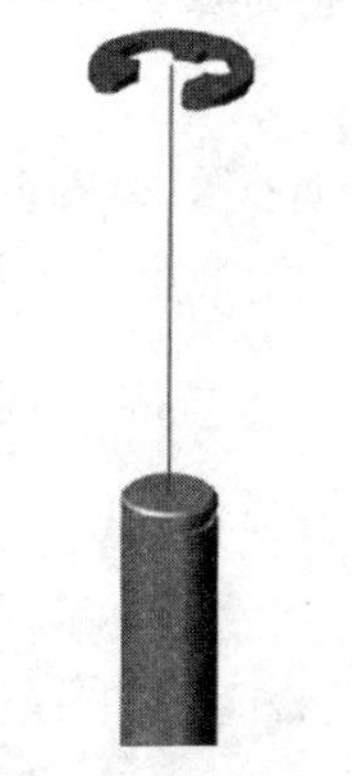

图 5-11　设置转折线终点

图 5-12　锚点

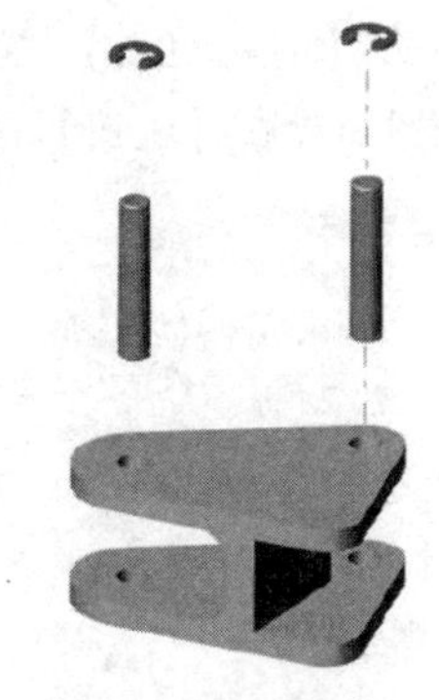

图 5-13　调整转折线

步骤 27　更新视图

使用缩放和平移工具来更新“Fork1”视图。

在【视图】选项卡中选择“Fork1”视图并单击【更新视图】。

步骤 28　保存文件

5.7　自定义视图

许多已经创建的视图记录了当前视口的所有非中性属性。这些“普通视图”记录了非中性位置和角色的属性，照相机位置和缩放比例等。

自定义视图有时也被称为智能视图，它仅记录了视图的一部分特定属性。当用户应用一个自定义视图到普通视图时，仅有特定的属性会被应用。例如，仅记录了照相机位置的视图即可被视为自定义视图，用户可以将自定义视图的照相机位置应用到多个普通视图，使得它们都具有相同的照相机位置。自定义视图显示在【视图】选项卡中，和普通视图不同的是在右下角有一个照相机图标，以表明它是自定义视图。

接下来将创建自定义视图，捕捉几组角色的爆炸和解除爆炸位置。

步骤 29　显示视图

激活“ExplodePosition”视图，视图显示了 3 组角色的爆炸位置。3 组角色分别是“Fork _ Left”“Fork _ Right”和“Bumper”，如图 5-14 所示。

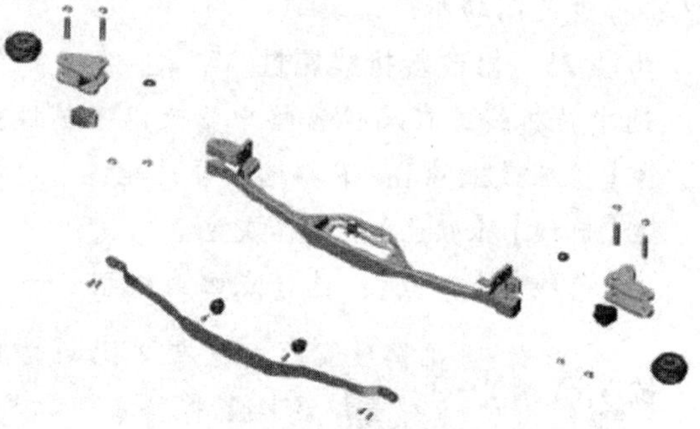

图 5-14　显示视图

步骤 30　打开视图工作间

单击【工作间】/【发布】/【视图】。

步骤 31　创建自定义视图

在左窗格的【装配体】选项卡上展开选择集，选择“Bumper”选择集中的所有零件。

在工作间中（见图 5-15）：

- 勾选【角色】复选框。
- 不勾选【照相机】、【视口】和【Digger】复选框，因为不希望这些出现在视图中。
- 选择【选定对象】为【应用对象】，视图仅应用到“Bumper”选择集中。
- 勾选【自定义】中的【位置】复选框，视图仅捕捉选定角色的位置。
- 单击【创建视图】。

新视图出现在【视图】选项卡中，将视图重命名为“Explode_Bumper”，如图 5-16 所示。

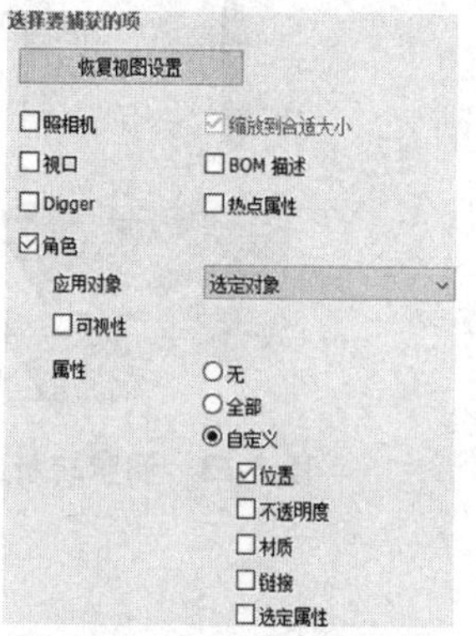

图 5-15　自定义视图设置

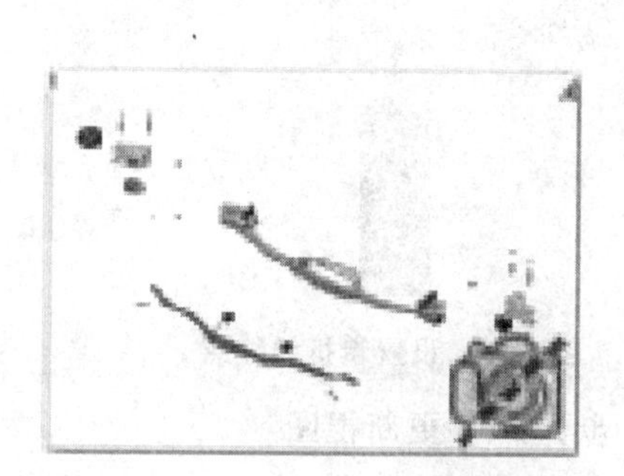

图 5-16　创建自定义视图

步骤 32　创建更多的自定义视图

重复以上步骤，为“Fork_Left”和“Fork_Right”选择集生成视图。分别将视图重命名为“Explode_Fork_Left”和“Explode_Fork_Right”。

步骤 33　为解除爆炸位置生成更多的自定义视图

激活“Default”视图，通过捕捉“Bumper”“Fork_Left”和“Fork_Right”选择集的解除爆炸位置创建 3 个自定义视图。分别将视图重命名为“Collapse_Bumper”“Collapse_Fork_Left”和“Collapse_Fork_Right”。现在已经有 3 个 Explode 视图和 3 个 Collapse 视图。

步骤 34　测试视图

下面是一个示例序列，以演示自定义视图：

- 拖动“Explode_Bumper”视图到视口，只有这个视图控制的角色爆炸。
- 拖动“Explode_Fork_Left”视图到视口以爆炸这些角色。
- 拖动“Collapse_Bumper”视图到视口以解除爆炸角色，“Bumper”和它的紧固件仍保持爆炸状态。
- 更改缩放比例和方位，同时更改视口背景色。
- 拖动“Explode_Fork_Right”视图到视口以爆炸这些角色，注意照相机方位和视口颜色未改变。

无论自定义视图是否激活，只有选定角色的位置改变了，照相机的方位、其他角色的位置、角色的属性等保持一致。

5.8　视图间的链接

作为视图之间跳转的另一种方法，用户可以在视图中添加缩略图，双击缩略图会链接到其他视图，这样便于在 SOLIDWORKS Composer Player 中创建交互内容。

本章演示的方法利用了事件的功能，有关此项的更多信息请参考 9.6 节

步骤 35　复制视图

从“Default”视图复制出一个新视图，将其命名为“Start”，并激活新视图。

步骤 36　添加视图链接

选中“Wheel1”视图，按住〈Ctrl〉键拖动到视口的顶部，出现视图的缩略图。

步骤 37　为其他视图添加链接

重复以上操作，添加“Fork1”视图的链接，如图 5-17 所示。

步骤 38　使用磁力线对齐缩略图

单击【作者】/【工具】/【磁力线】/【创建磁力线】，拖动磁力线穿过视口的顶部。拖动缩略图到磁力线使其对齐，如图 5-18 所示。

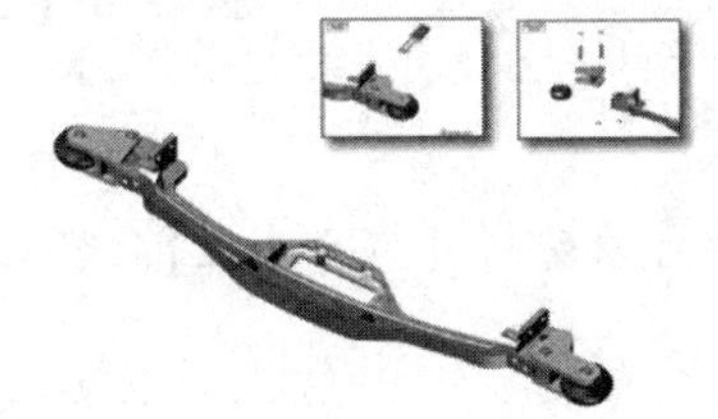

图 5-17　为其他视图添加链接

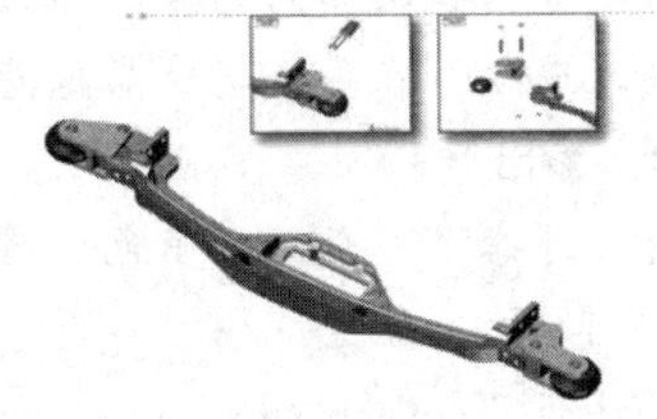

图 5-18　使用磁力线对齐缩略图

步骤 39　更新视图

选择“Start”视图并单击【更新视图】。

步骤 40　为其他视图添加链接

激活“Wheel1”视图，按住〈Ctrl〉键拖动“Start”视图到视口，这样就添加了可单击的缩略图。更新“Wheel1”视图，如图 5-19 所示。

步骤 41　使用选定角色更新选定的视图

在视口中选择可单击的缩略图，在【视图】选项卡中选择“Fork1”视图，单击【用选定角色更新视图】。

步骤 42　测试视图

在状态栏上关闭【设计模式】。激活“Start”视图，单击一个缩略图跳转到该视图。继续单击缩略图测试视图之间的链接关系。完成后，将模式切换回【设计模式】。

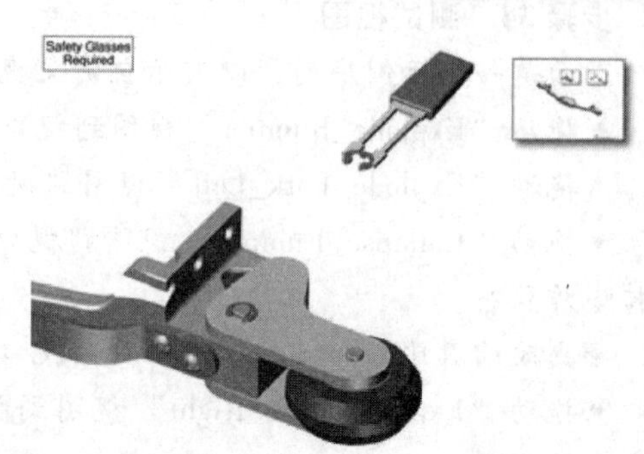

图 5-19　为其他视图添加链接

步骤 43　保存并关闭文件

练习 5-1　导入装配体

练习从 SOLIDWORKS 软件中导入装配体到 SOLIDWORKS Composer。

提示　为了完成此操作，用户需要在装有 SOLIDWORKS Composer 的机器上同时安装 SOLIDWORKS Importer。如果没有安装 SOLIDWORKS Importer，请做下一个练习。

本练习将应用以下技术：
- 导入文件。

操作步骤

步骤 1　在 SOLIDWORKS Composer 中打开 SOLIDWORKS 装配体

从 Lesson05\Exercises 文件夹中打开文件 cover finished. sldasm。

用户需要导入 3 次相同的装配体文件以得到下面的输出。每次用户都需要在【打开】对话框中更改选项，在每次尝试后保存文件。

步骤 2　输出（1）

如果用户选择了一个几何角色，确保在属性窗格中可以看到【用户属性】，装配体树如图 5-20 所示。

保存文件为“cover1. smg”。

步骤 3　输出（2）

如果用户选择了一个几何角色，确保在属性窗格中可以看到【用户属性】，装配体树如图 5-21 所示。

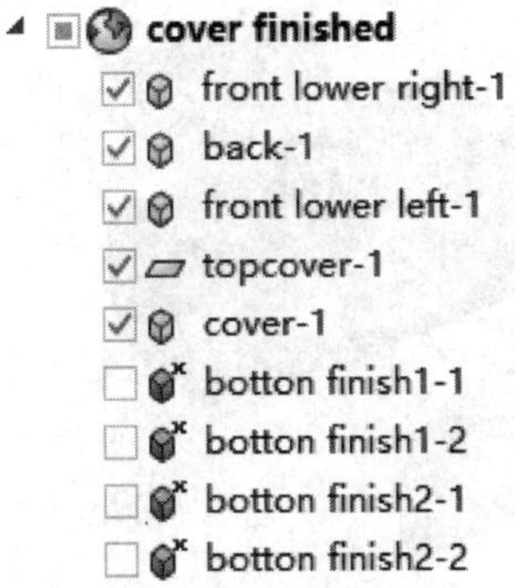

图 5-20 输出（1）

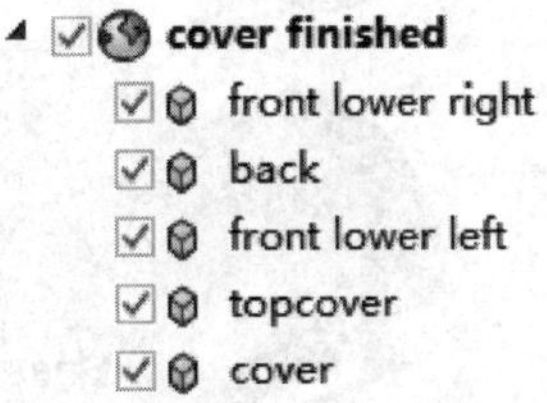

图 5-21 输出（2）

保存文件为“cover2. smg”。

步骤 4 输出（3）

如果用户选择了一个几何角色，应该不能在属性窗格看到任何【用户属性】，装配体树如图 5-22 所示。

保存文件为“cover3. smg”。

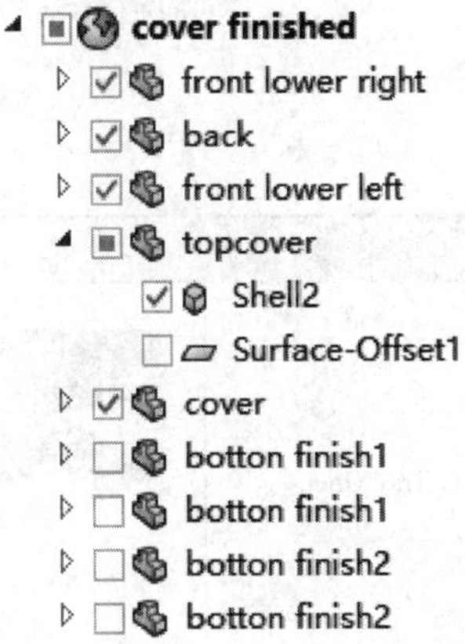

图 5-22 输出（3）

技巧

本练习演示了【打开】对话框中各种设置所带来的影响。为了便于更新，每次用户打开或更新一个装配体时，都需要确保选项是相同的。设置想要的选项为默认文档属性，这样每次在【打开】对话框中显示的方式都会一样。建议用户使用【SOLIDWORKS (Default)】配置文件，除非需要与该配置文件不同的设置。

练习 5-2 创建自定义视图

练习使用视图工作间创建自定义视图以捕捉选中部件的位置和属性。

本练习将应用以下技术：

- 自定义视图。

从 Lesson05\Exercises 文件夹下打开 ink jet printer. smg 文件。

操作步骤

步骤 1 查看已存在的视图

观察“Default”视图和其他视图的不同。为了表述得更清楚，图像中加入了局部视图，如图 5-23 所示。

步骤 2 创建自定义视图

创建 6 个自定义视图，见表 5-2。

步骤 3 测试视图

将“Default”视图拖入视口。将变化的自定义视图拖入视口。确保每个视图都仅有指定的位置或属性的改变。例如，当把“CoverHidden”视图拖入视口时，托盘和导轨的位置不应该改变。

a）“Guide Position”视图
注意打印机导轨已经移动至
可固定信封纸大小的位置

b）“Tray Position”视图
注意打印机托盘是关闭的

图 5-23　查看已存在的视图

表 5-2　创建 6 个自定义视图

视　　图	图　　像	提　　示
Tray Open		从“Default”视图中捕捉“External_Tray2-1”和“External_Tray1-1”的位置
Tray Closed		从“Tray Position”视图中捕捉“External_Tray2-1”和“External_Tray1-1”的位置
Guide Letter		从“Default”视图中捕捉“Tray_2-1”的位置
Guide Envelope		从“Guide Position”视图中捕捉“Tray_2-1”的位置

（续）

视　　图	图　　像	提　　示
Cover Visible		从任意一个视图中捕捉“cover-1”的不透明度属性
Cover Hidden		将“cover-1”的不透明度值设为 0

第6章　创建材料明细表

学习目标

- 创建材料明细表（BOM）
- 添加编号
- 创建矢量输出

扫码看视频

6.1　概述

本章将创建3个含有材料明细表和编号的视图，然后发布视图生成矢量图文件，如图6-1所示。

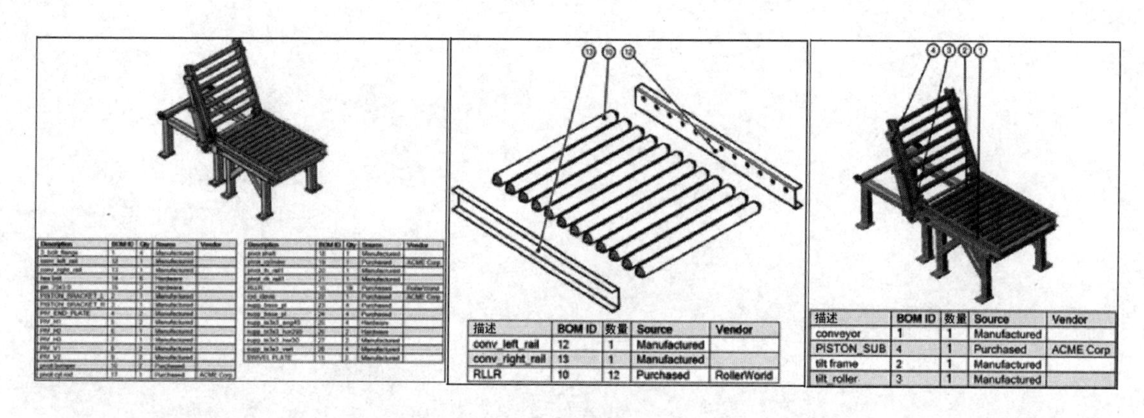

图6-1　矢量图文件

6.2　材料明细表

材料明细表（BOM）是构成装配体的所有零部件的列表，也可以称为零件清单。公司采用BOM来跟踪产品需要多少材料，同时采购商也可以借助BOM来确定所订购产品的细节。

在SOLIDWORKS Composer中，默认情况下BOM包含3列：ID（编号）、说明和数量。用户可以添加更多的列或对它们进行重新排序，还可以添加虚拟对象到装配体结构树中。对于如胶水、油漆和用户想要添加到BOM中的其他物质，可以使用虚拟对象。这些虚拟对象没有任何几何体，但它们可以被指定BOM ID。

BOM ID是装配体中指定各种几何角色的唯一标识符。BOM ID出现在BOM、编号或气球中，以确定零件。用户可以一次指定某个BOM ID给某个角色或者批量指定一批选定的几何角色。

提示　BOM ID是特定于视图的，用户可以为不同视图中的相同组件分配不同的BOM ID。

提示　如果在 SOLIDWORKS 装配体中包含 BOM，用户可以在 SOLIDWORKS Composer 中打开装配体时导入该 BOM，即在【打开】对话框中的 SOLIDWORKS 页面上勾选【导入 SOLIDWORKS BOM】复选框。

操作步骤

步骤 1　打开文件

从 Lesson06\Case Study 文件夹下打开 Conveyor System. smg 文件。

步骤 2　准备视图

激活“Default”视图。单击【渲染】/【地面】/【地面】，关闭地面效果。将视口的【底色】属性更改为白色。

步骤 3　手动添加 BOM ID

选择“pivot_cylinder”角色，如图 6-2 所示。在属性窗格中输入“10”作为 BOM ID 并按〈Enter〉键。

步骤 4　添加编号

单击【作者】/【标注】/【编号】。选择“pivot_cylinder”角色，单击放置编号，然后按〈Esc〉键退出。

查看编号的属性，了解数值 10 是如何出现在编号中的。编号的文本属性中链接到的属性为 BOM ID（Actor. BomId）。链接到父级的属性表明了它是链接到名为“pivot_cylinder”的角色中。因此，程序会在编号中填充链接角色“pivot_cylinder”的 BOM ID。

图 6-2　选择“pivot_cylinder”角色

基于这一点，用户可以很容易地联想到如何将编号链接到其他属性，例如角色的名称。用户也可以在编号的属性中直接输入文本。当用户想在编号中同时包含字母和数字时，角色的编号顺序并不重要，只要角色具有唯一的 ID 即可。用户可以使用 BOM 工作间，同时向多个角色添加 BOM ID。

步骤 5　打开 BOM 工作间

单击【工作间】/【发布】/【BOM】。BOM 工作间出现，并且【BOM】选项卡出现在左窗格中。注意到左窗格的【BOM】选项卡中已经出现“pivot_cylinder”角色的 BOM ID（10）。

步骤 6　重置所有 BOM ID

在 BOM 工作间中：

- 选择【应用对象】为【可视几何图形】。
- 单击【重置 BOM ID】。
- 单击【删除可视编号】。

以上步骤清除了所有几何角色的 BOM ID 并删除了编号。

下面，使用 BOM 工作间自动创建装配体所有角色的 BOM ID。首先将基于角色属性指派 BOM ID。

步骤 7　通过比较属性创建 BOM ID

在【定义】选项卡中使用默认设置。BOM ID 将根据“名称（Actor. Name）”属性进行分配，并且从名称右侧跳过 3 个字符。单击【生成 BOM ID】，在左窗格的【BOM】选项卡中可以看到 21 个独特的 BOM ID 被分配。在【BOM】选项卡中展开【PIV_】，注意到 8 个角色均被赋予了相同的 BOM ID（8）。这些结构件具有不同的形状，应该具有不同的 BOM ID，如图 6-3 所示。在这种情况下，默认的设置不能产生用户想要的结果。因此，将重置 BOM ID 并根据角色的几何形状重新生成 BOM ID。

图 6-3　不同形状的结构件

步骤 8　重置所有 BOM ID

在 BOM 工作间中单击【重置 BOM ID】。

步骤 9　通过比较几何图形创建 BOM ID

选择【比较几何图形】，然后单击【生成 BOM ID】。在左窗格的【BOM】选项卡中，可以看到 28 个独立的 BOM ID 被分配，“tilt frame”子装配体中的各结构件具有不同的 BOM ID。

步骤 10　关闭工作间

完成之后关闭 BOM 工作间。

步骤 11　创建视图

在【视图】选项卡中单击【创建视图】，保存改变的 BOM ID 属性。重命名视图为“BOM1”。

6.3　显示 BOM

用户可以在任何视图中显示 BOM，进而使 BOM 可以出现在栅格图输出、矢量图输出和交互式内容中。用户可以自定义 BOM 的列数和列的顺序。

步骤 12　显示 BOM

选择【主页】/【可视性】/【BOM 表格】，BOM 出现在纸张空间底部 25%的位置。默认显示 3 列：描述、BOM ID 和数量，如图 6-4 所示。

> **技巧**　用户也可以在 BOM 或者技术图解工作间底部显示 BOM。

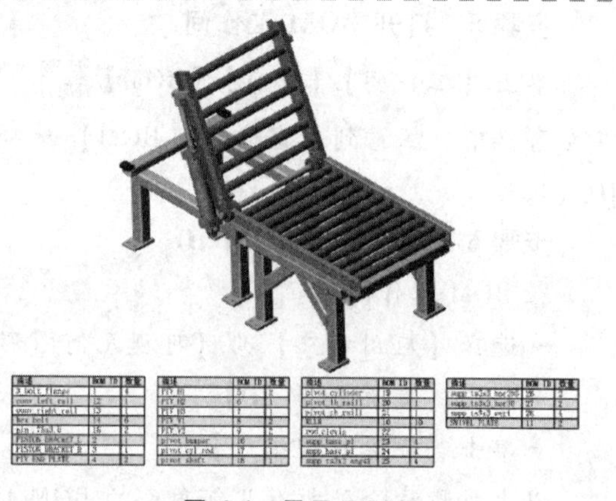

图 6-4　显示 BOM

步骤 13　调整和移动 BOM

选择 BOM。在属性窗格中，在【放置】/【位置】中选择【自由】。更改字体大小为 16。拖动边框顶角放大表格。

步骤 14　更改 BOM 列

在左窗格的【BOM】选项卡中，单击【配置 BOM 列】。在【可用属性】列表下选择【元属性】，按住〈Ctrl〉键在【可用属性】列中选择“Source（Meta. Source）”和“Vendor（Meta. Vendor）”，单击向右的双箭头，这样就增加了元属性到 BOM 中，如图 6-5 所示。这些元属性是从 CAD 系统导入的。单击【确定】。

技巧　信息窗格提供了一种易于阅读的默认格式，用于查看所选角色的元属性。选择【窗口】/【显示/隐藏】/【信息】，可显示此窗格。

显示属性

描述 (Bom.Description)
BOM ID (Actor.BomId)
数量 (Bom.Quantity)
Source (Meta.Source)
Vendor (Meta.Vendor)

图 6-5　更改 BOM 列

步骤 15　观察 BOM

注意新增加的列，如图 6-6 所示。

描述	BOM ID	数量	Source	Vendor
3 bolt_flange	1	4	Manufactured	
conv_left_rail	12	1	Manufactured	
conv_right_rail	13	1	Manufactured	
hex bolt	14	6	Hardware	
pin .75x3.0	15	2	Hardware	
PISTON BRACKET L	2	1	Manufactured	
PISTON BRACKET R	3	1	Manufactured	
PIV END PLATE	4	2	Manufactured	
PIV H1	5	2	Manufactured	
PIV H2	6	1	Manufactured	
PIV_H3	7	1	Manufactured	
PIV_V1	8	2	Manufactured	
PIV V2	9	2	Manufactured	
pivot bumper	16	2	Purchased	
pivot cyl rod	17	1	Purchased	ACME Corp

描述	BOM ID	数量	Source	Vendor
pivot shaft	18	1	Manufactured	
pivot_cylinder	19	1	Purchased	ACME Corp
pivot_lh_raill	20	1	Manufactured	
pivot_rh_raill	21	1	Manufactured	
RLLR	10	19	Purchased	RollerWorld
rod_clevis	22	1	Purchased	ACME Corp
supp_base_pl	23	4	Purchased	
supp_base_pl	24	4	Purchased	
supp_ts3x3_ang45	25	4	Hardware	
supp_ts3x3_hor295	26	2	Hardware	
supp_ts3x3_hor30	27	2	Manufactured	
supp_ts3x3_vert	28	4	Manufactured	
SWIVEL PLATE	11	2	Manufactured	

图 6-6　观察 BOM

步骤 16　调整几何角色大小并重新定位

滚动鼠标中键，在纸张剩余空间中缩放几何角色至适合大小。按下〈Ctrl〉键和鼠标中键并拖动几何角色，在纸张中进行重新定位。

步骤 17　更新视图

在【视图】选项卡中选择“BOM1”视图并单击【更新视图】。

步骤 18　保存文件

6.4　输出矢量图

矢量图文件在之前的章节中已有介绍。在本章中将创建更多的矢量图输出，从而更深入地理解 SOLIDWORKS Composer 控制输出的可用选项。

步骤 19　打开技术图解工作间

单击【工作间】/【发布】/【技术图解】。

步骤 20　预览矢量图

在技术图解工作间的【轮廓】下方选择【HLR（high）】，然后单击【预览】来查看默认设置下的输出，如图 6-7 所示。用户可以更改一些选项，让其看上去更美观。

步骤 21　添加颜色

在矢量图输出中勾选【色域】复选框来添加颜色。【色域】选项卡中有一些设置可更改色彩效果，保留它们为默认设置。

步骤 22　添加阴影

在矢量图输出中勾选【阴影】复选框来添加阴影。在【阴影】选项卡中，输入透明度为“60”，然后按下〈Enter〉键，加深阴影的颜色。

步骤 23　修改装配体的轮廓线

在技术图解工作间的【直线】选项卡中，勾选【显示剪影】复选框来生成角色的剪影线和轮廓线。在样式中选择【模型】，生成整个场景外边线的轮廓线。当角色相互重叠时，只有最外侧的边线会被画出。输入“1”作为剪影宽度，减小剪影线的粗细。

步骤 24　创建矢量图

在工作间中，单击【另存为】。在【另存为】对话框中，输入“BOM1”作为文件名，然后单击【保存】，应用程序会自动追加 .svg 文件扩展名。结果如图 6-8 所示。

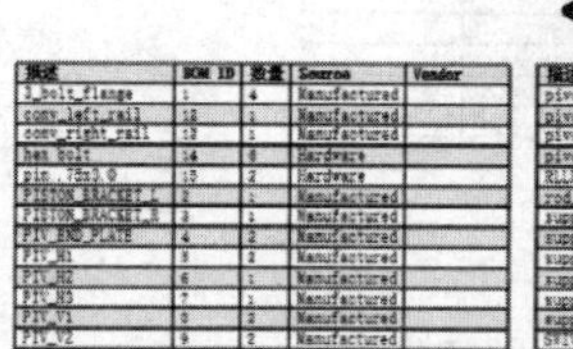

描述	BOM ID	数量	Source	Vendor
3_bolt_flange	1	4	Manufactured	
conv_left_rail	12	1	Manufactured	
conv_right_rail	13	1	Manufactured	
hex bolt	14	6	Hardware	
pin .75x3.0	15	2	Hardware	
PISTON_BRACKET_L	2	1	Manufactured	
PISTON_BRACKET_R	3	1	Manufactured	
PIV_END_PLATE	4	2	Manufactured	
PIV_H1	5	2	Manufactured	
PIV_H2	6	1	Manufactured	
PIV_H3	7	1	Manufactured	
PIV_V1	8	2	Manufactured	
PIV_V2	9	2	Manufactured	
pivot bumper	16	2	Purchased	
pivot cyl rod	17	1	Purchased	ACME Corp

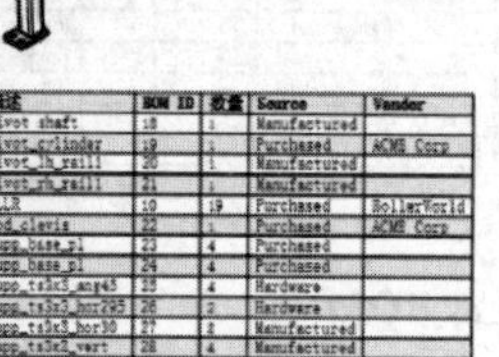

描述	BOM ID	数量	Source	Vendor
pivot shaft	18	1	Manufactured	
pivot_cylinder	19	1	Purchased	ACME Corp
pivot_lh_raill	20	1	Manufactured	
pivot_rh_raill	21	1	Manufactured	
RLLR	10	19	Purchased	RollerWorld
rod_clevis	22	1	Purchased	ACME Corp
supp_base_pl	23	4	Purchased	
supp_base_pl	24	4	Purchased	
supp_ts3x3_ang45	25	4	Hardware	
supp_ts3x3_hor295	26	2	Hardware	
supp_ts3x3_hor30	27	2	Manufactured	
supp_ts3x2_vert	28	4	Manufactured	
SWIVEL PLATE	11	2	Manufactured	

图 6-7　预览矢量图

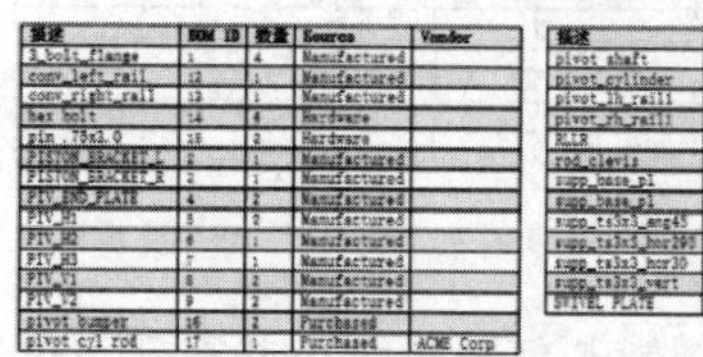

描述	BOM ID	数量	Source	Vendor
3_bolt_flange	1	4	Manufactured	
conv_left_rail	12	1	Manufactured	
conv_right_rail	13	1	Manufactured	
hex bolt	14	6	Hardware	
pin .75x3.0	15	2	Hardware	
PISTON_BRACKET_L	2	1	Manufactured	
PISTON_BRACKET_R	3	1	Manufactured	
PIV_END_PLATE	4	2	Manufactured	
PIV_H1	5	2	Manufactured	
PIV_H2	6	1	Manufactured	
PIV_H3	7	1	Manufactured	
PIV_V1	8	2	Manufactured	
PIV_V2	9	2	Manufactured	
pivot bumper	16	2	Purchased	
pivot cyl rod	17	1	Purchased	ACME Corp

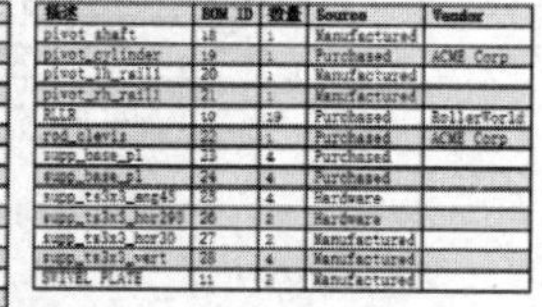

描述	BOM ID	数量	Source	Vendor
pivot shaft	18	1	Manufactured	
pivot_cylinder	19	1	Purchased	ACME Corp
pivot_lh_raill	20	1	Manufactured	
pivot_rh_raill	21	1	Manufactured	
RLLR	10	19	Purchased	RollerWorld
rod_clevis	22	1	Purchased	ACME Corp
supp_base_pl	23	4	Purchased	
supp_base_pl	24	4	Purchased	
supp_ts3x3_ang45	25	4	Hardware	
supp_ts3x3_hor295	26	2	Hardware	
supp_ts3x3_hor30	27	2	Manufactured	
supp_ts3x2_vert	28	4	Manufactured	
SWIVEL PLATE	11	2	Manufactured	

图 6-8　创建矢量图

步骤 25　打开矢量图文件

在 Windows 资源管理器中，双击“BOM1.svg”，用默认浏览器打开文件。

6.5　另一个 BOM

现在已经有一个显示整个装配体所有零件的 BOM。本章的后半部分将为装配体创建一个包含小部分几何角色集合的 BOM，然后添加编号并发布矢量图文件，如图 6-9 所示。

本节希望新的 BOM 中的 BOM ID 与整个装配体的 BOM 的 BOM ID 匹配。要做到这一点，必须为那些几何角色设置 BOM ID 作为中性属性。

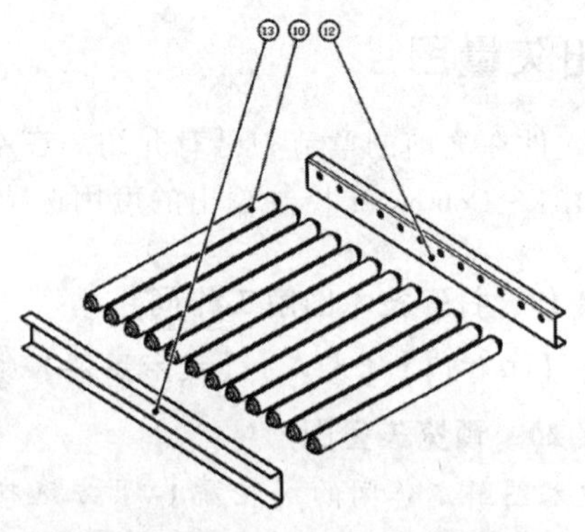

描述	BOM ID	数量	Source	Vendor
conv_left_rail	12	1	Manufactured	
conv_right_rail	13	1	Manufactured	
RLLR	10	12	Purchased	RollerWorld

图 6-9　创建新的 BOM

步骤 26 激活视图

拖动“BOM2”视图到视口中。

步骤 27 查看 BOM ID

选择视口中的任意一个几何角色并查看它的 BOM ID 属性。注意到 BOM ID 是空的。

步骤 28 激活视图

拖动“BOM1”视图到视口中。

步骤 29 查找选择集

在左窗格的【装配】选项卡中，将滚动条拖至底部，展开“BOM2”的选择集。

步骤 30 设为中性属性

在“BOM2”选择集中选择“conv_left_rail”角色，选择 BOM ID 属性，并单击属性窗格中的【设为中性属性】。

步骤 31 重复操作选择集中的其他角色

重复上述步骤，对“conv_right_rail”和“RLLR”角色进行同样的操作。用户需要通过选择集来选择所有的“RLLR”角色。在该视图中分配的 BOM ID 作为几何角色的中性属性，这样用户便能够在其他视图中引用这些 BOM ID。

步骤 32 激活视图

拖动“BOM2”视图到视口中。

步骤 33 查看 BOM ID

选择视口中的任意一个几何角色并观察 BOM ID 属性。注意到 BOM ID 被分配为“BOM1”视图的 ID。

下面在此视图中显示和修改 BOM。

步骤 34 显示 BOM

选择【主页】/【可视性】/【BOM 表格】，包含装配体中所有部件的 BOM 出现了，如图 6-10 所示。

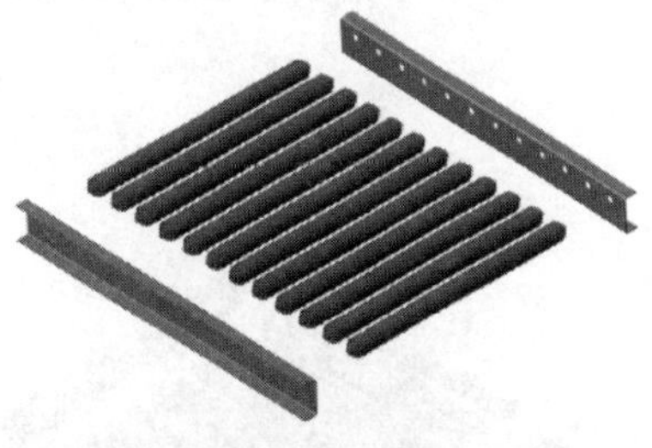

描述	BOM ID	数量	Source	Vendor
conv_left_rail	12	1	Manufactured	
conv_right_rail	13	1	Manufactured	
RLLR	10	12	Purchased	RollerWorld

图 6-10 显示 BOM

> **技巧**
>
> • 若想让行显示不可见的零件，在 BOM 窗格中切换【仅显示可视角色】。
>
> • 用户也可以选择 BOM，在属性窗格中切换【过滤可视编号】属性。用户需要将编号添加到角色上才能使此属性生效。

步骤 35 打开 BOM 工作间

单击【工作间】/【发布】/【BOM】。

步骤 36 添加编号

选择“BOM2”选择集的所有几何角色。在 BOM 工作间中，单击【创建编号】，编号添加到视图中。

步骤 37 对齐编号

保持编号处于选中状态，将【自动对齐】属性设置为【顶部】。如果想把编号更好地定位到角色上，用户可以拖动编号的附加点，如图 6-11 所示。

步骤 38 更新视图

在【视图】选项卡上选择“BOM2”视图，单击【更新视图】。

步骤 39　保存文件

下面将使用此视图发布一个矢量图文件。

步骤 40　打开技术图解工作间

单击【工作间】/【发布】/【技术图解】。

步骤 41　使用默认设置

在技术图解工作间中，选择【HLR（medium）】作为【轮廓】。

步骤 42　增加编号穿过角色的间隙

在【附加线阴影宽度】中输入“2”并按〈Enter〉键。这可以在编号跨越边线时控制模型中的空白间隙。

步骤 43　创建矢量图

在工作间中，单击【另存为】。在【另存为】对话框中，输入“BOM2”作为文件名并单击【保存】。此时应用程序会自动追加 .svg 文件扩展名。

步骤 44　打开矢量图文件

在 Windows 资源管理器中，双击“BOM2. svg”，用默认浏览器打开文件，如图 6-12 所示。

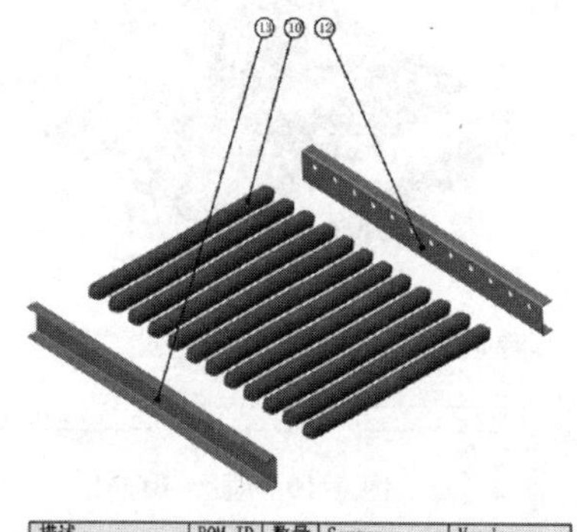

描述	BOM ID	数量	Source	Vendor
conv_left_rail	12	1	Manufactured	
conv_right_rail	13	1	Manufactured	
RLLR	10	12	Purchased	RollerWorld

图 6-11　对齐编号

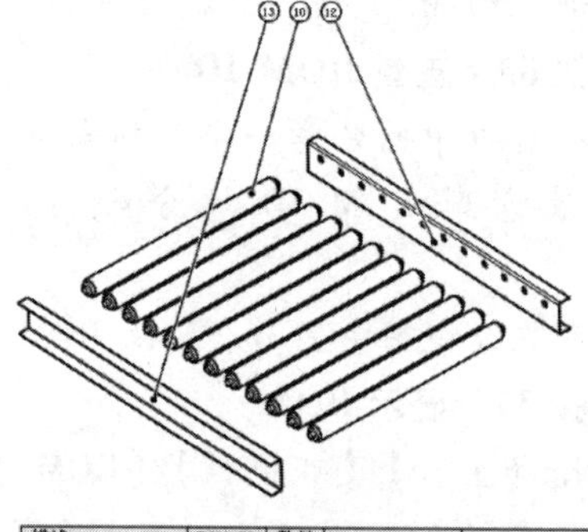

描述	BOM ID	数量	Source	Vendor
conv_left_rail	12	1	Manufactured	
conv_right_rail	13	1	Manufactured	
RLLR	10	12	Purchased	RollerWorld

图 6-12　打开矢量图文件

步骤 45　矢量图与 BOM 的对照

移动鼠标指针到 BOM 的一行、一个编号或一个几何角色上，注意所有内容都会用绿色高亮显示，用户可以很容易地识别这些项目之间的关系。

6.6　装配体层的 BOM

用户已经完成了两个只包含零件列表的 BOM。在本章接下来的部分，将创建一个同时包含零件和子装配体的 BOM。这个 BOM 将拥有唯一的 ID，以区别于其他两个视图，如图 6-13 所示。

6.7　装配选择模式

为了创建装配体层的 BOM，用户需要选择 4 个子装配体，而不需要选择子装配体中的零件。装配选择模式允许用户选择整个装配体。当选择装配体时：

• 整个装配体以蓝色突出显示。

• 视口具有蓝色边框，以表示此时处于装配选择模式。

• 装配体在【装配】选项卡中以蓝色突出显示，但并不突出显示装配体中的角色。这强调了整个装配体是处于选择的状态，而不是装配体中的角色处于选择的状态。

> **提示** SOLIDWORKS Composer 用于零件选择模式和装配选择模式的颜色是文档属性，用户可以在【文件】/【属性】/【文档属性】/【选定对象】选项中对颜色进行修改。

描述	BOM ID	数量	Source	Vendor
conveyor	1	1	自制	
PISTON_SUB	4	1	外购	ACME corp
tilt frame	2	1	自制	
tilt_roller	3	1	自制	

图 6-13　创建 BOM

装配选择模式的优点如下：

• 可以很容易地选择整个装配体，而不会忽略装配体中的任何角色。

• 可以使动画中的一些选择和操作更加简单。

进入装配选择模式的方法有以下 3 种：

• 在【装配】选项卡的顶部单击【装配选择模式】。

• 在视口中选择一个角色并按键盘向左箭头键，这将选择有此角色的装配体。继续按向左箭头键，将选择更高级别的装配体。

• 按下〈Alt〉键并在【装配】选项卡中选择角色。

步骤 46　准备视图

激活“Default”视图。单击【渲染】/【地面】/【地面】，关闭地面效果。更改视口的【底色】属性为白色。

步骤 47　选择子装配体

切换到【装配】选项卡，在【装配】选项卡的顶部单击【装配选择模式】。在装配树中选择“conveyor”子装配体，此时子装配体会变为蓝色，而不是通常情况下的橙色。这表示此时处于装配选择模式。

步骤 48　创建 BOM ID

在属性窗格中，将 BOM ID 设置为 1。

步骤 49　重复操作

为其他 3 个子装配体添加 BOM ID：

• “tilt frame” 的 BOM ID：2。

• “tilt_roller” 的 BOM ID：3。

• “PISTON_SUB” 的 BOM ID：4。

步骤 50　添加编号

选择 4 个子装配体，在 BOM 工作间内单击【创建编号】，每个 BOM ID 都出现了编号。编号填充为黑色，这是因为 SOLIDWORKS Composer 为子装配体的编号使用了默认的样式，如图 6-14 所示。

图 6-14　添加编号

步骤 51　更改编号样式

选择所有黑色的编号，在【样式】选项卡中选择“White Balloons”样式，将其应用到所选编号上。

步骤 52　对齐编号

保持所有编号仍处于选中状态，设置【自动对齐】属性为【顶部】。结果如图 6-15 所示。

步骤 53　显示 BOM 表格

单击【主页】/【可视性】/【BOM 表格】。调整表格的位置和大小，使其适合纸张中的装配体。如图 6-16 所示，对于子装配体来说，Source 和 Vendor 列是空的。这是因为在 SOLIDWORKS 中没有给子装配体分配自定义属性。用户必须直接在 SOLIDWORKS Composer 中添加元属性。

图 6-15　对齐编号

描述	BOM ID	数量	Source	Vendor
conveyor	1	1		
PISTON_SUB	4	1		
tilt frame	2	1		
tilt_roller	3	1		

图 6-16　显示 BOM 表格

步骤 54　对“conveyor”添加元属性

确认【装配】选项卡中的【装配选择模式】处于打开状态。选择“conveyor”，在属性窗格中单击【管理元属性】。在【元属性】对话框中：

- 选择【Source（Meta. Source）】作为【名称】。
- 勾选【在选定对象中包含元属性】复选框。
- 单击【确定】。

如图 6-17 所示。

在属性窗格的【Source】属性中输入“自制”，在 BOM 中出现了“自制”。

步骤 55　为其他子装配体添加元属性

重复前面的步骤，为其他 3 个子装配体添加元属性。完成后，BOM 将更新，如图 6-18 所示。

步骤 56　关闭装配选择模式

在【装配】选项卡上单击【装配选择模式】，关闭此功能。

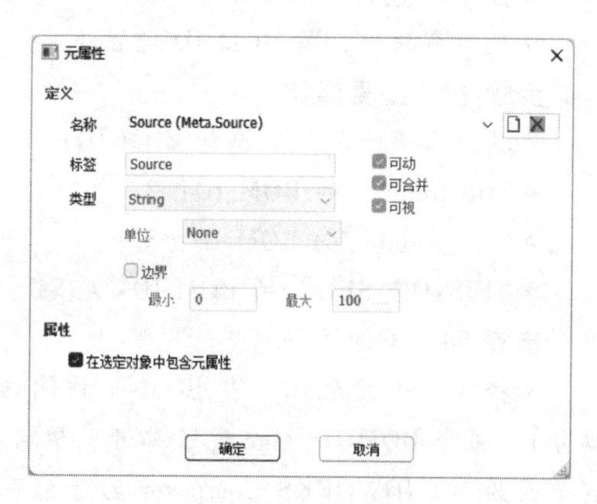

图 6-17　添加元属性

步骤 57　创建视图

在【视图】选项卡上单击【创建视图】，并将其命名为“BOM3”，如图 6-19 所示。

描述	BOM ID	数量	Source	Vendor
conveyor	1	1	自制	
PISTON_SUB	4	1	外购	ACME corp
tilt frame	2	1	自制	
tilt_roller	3	1	自制	

图 6-18　更新后的 BOM

描述	BOM ID	数量	Source	Vendor
conveyor	1	1	自制	
PISTON_SUB	4	1	外购	ACME corp
tilt frame	2	1	自制	
tilt_roller	3	1	自制	

图 6-19　创建视图

步骤 58　测试视图

激活“BOM1”“BOM2”和“BOM3”视图，查看每个视图中的 BOM 是否正确。

步骤 59　保存并关闭文件

练习 6-1　爆炸视图、BOM 和编号

练习使用爆炸工具、BOM 工作间和技术图解工作间。当用户完成本练习时，请生成一个 SVG 文件，新视图要求和图 6-21 基本一致。

本练习将应用以下技术：

- 爆炸视图。
- 磁力线。
- 爆炸直线。
- BOM。
- 矢量图输出。

从 Lesson06\Exercises 文件夹下打开 fireplace tools. smg 文件。

操作步骤

步骤 1　打开“Handle”视图（见图 6-20）

步骤 2　使用【变换】/【爆炸】工具爆炸该装配体

步骤 3　添加转折线显示中心轴

技巧：切记使用【曲线检测】模式。

步骤 4　使用 BOM 工作间创建 BOM ID

技巧 使用 BOM ID 格式选项卡为 BOM ID 添加“A-”的前缀。

步骤 5　使用 BOM 工作间添加编号

步骤 6　添加磁力线以对齐编号

步骤 7　创建技术图解输出（见图 6-21）

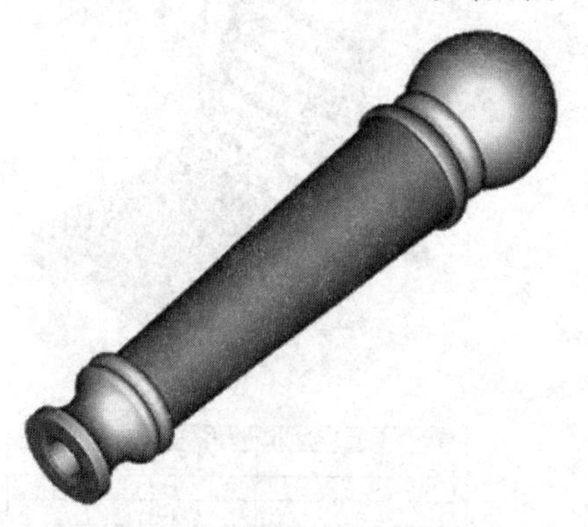

图 6-20　打开“Handle”视图

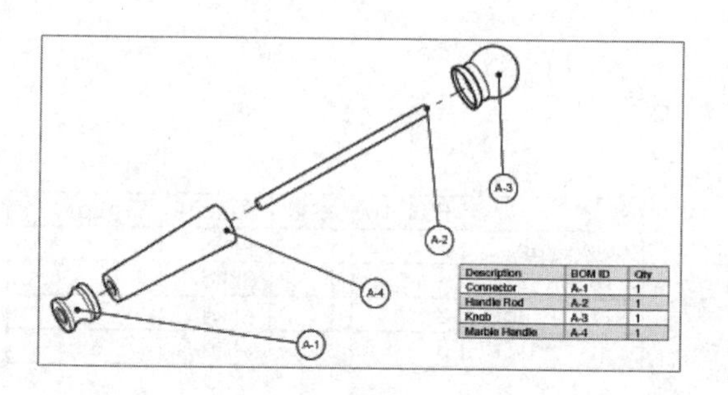

图 6-21　创建技术图解输出

练习 6-2　创建装配体层的 BOM

练习为零件和子装配体添加带有 ID 的 BOM。当用户完成本练习时，新视图要求和图 6-22 基本一致。

本练习将应用以下技术：

• BOM。

• 装配体层的 BOM。

从 Lesson06 \ Exercises 文件夹下打开 fireplace tools. smg 文件。从“Default”视图开始，新建带有 BOM 的视图。将 BOM 放置于左侧并更改它的字体，如图 6-22 所示。

BOM 必须包括：

• 子装配体“Brush”“Poker”“Shovel”和“Tongs”的 ID。不要为这些子装配体的单独零件生成 ID。

• 子装配体“Stand”下单独零件的 ID。

• 子装配体“Stand”下的子装配体“Handle”的一个 ID。不要为子装配体“Handle”下的零件生成 ID。

• 按 BOM ID 列对 BOM 中的项目进行排序。

Description	BOM ID	Qty
Brush	1	1
Poker	2	1
Shovel	3	1
Tongs	4	1
Base Foot	5	4
Brass Rod	6	1
Brass Base Top	7	1
Brass Washer	8	1
Hex Nut	9	1
Long Brass Tube	10	2
Marble Base	11	1
Screw	12	4
Short Brass Tube	13	2
Stand Knob	14	4
Tool Holder	15	1
Handle	16	1

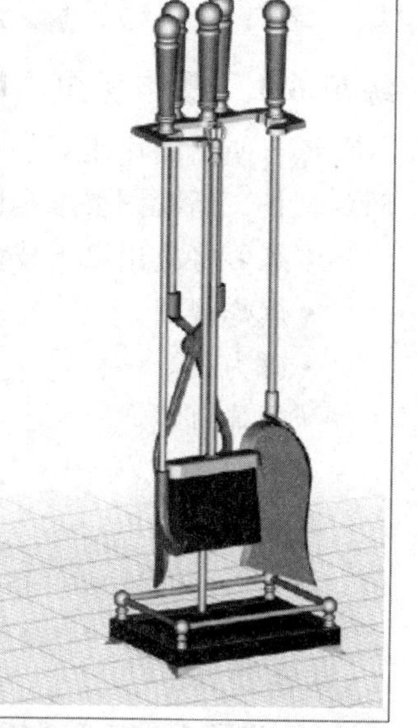

图 6-22　装配体层的 BOM

技巧 这个文件有很多子装配体。如果用户有时间，请考虑其他组合并练习生成其他 BOM。

练习 6-3　矢量图文件

练习更改技术图解工作间的选项来生成矢量图输出，生成两个 SVG 文件，大致满足表 6-1 显示的输出效果。

本练习将应用以下技术：

• 矢量图输出。

打开 Lesson06\Exercises 文件夹下的文件 jig saw. smg。从轮廓 HLR（high）开始，然后试验多种选项来得到表 6-1 的输出。

表 6-1　试验多种选项得到的输出

选　　项	输 出 效 果
轮廓样式 轮廓宽度	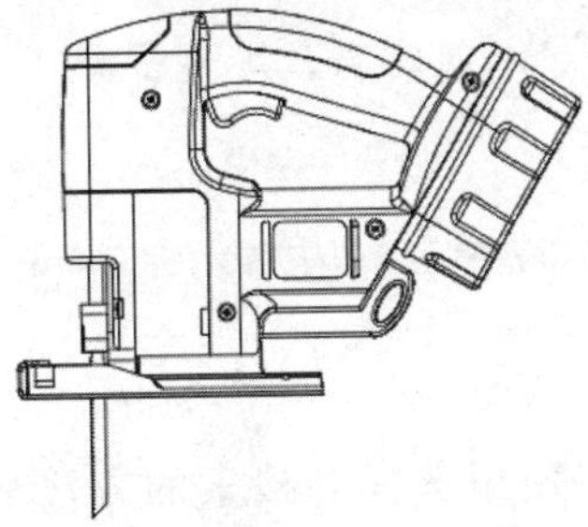
构造边线 显示剪影 色域 色深	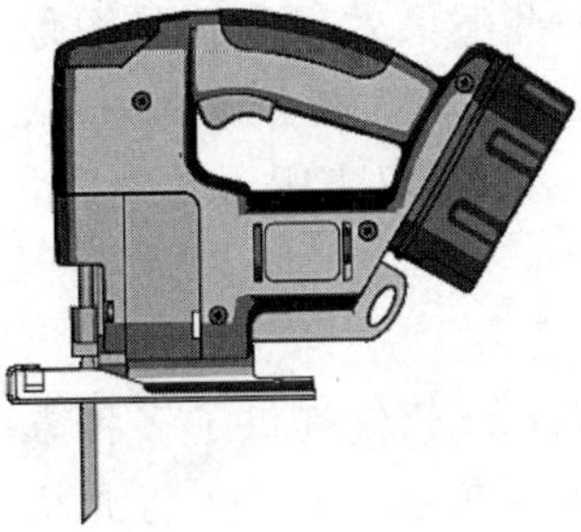

技巧：如果用户有时间，请试验技术图解工作间的其他选项，生成更多的矢量图。

第 7 章　创建营销图像

学习目标

- 应用纹理
- 创建自定义的照明方案
- 应用渲染效果
- 创建高分辨率图像

扫码看视频

7.1　概述

在本章中，用户将使用选择和搜索的方法来确定角色的组。然后运用纹理和灯光来修改角色外观，还将增加一些渲染效果和背景图像来增强场景。最后将视图发布为高分辨率图像，以满足营销文件的需要，如图 7-1 所示。

图 7-1　高分辨率图像

7.2　选择

SOLIDWORKS Composer 软件提供了多种方法来选择几何角色和协同角色，表 7-1 将介绍其中的部分方法。

表 7-1　选择几何角色和协同角色的方法

选择的项目	方　法
一个角色	在视口、【装配】选项卡、【协同】选项卡中选择
视口中的多个角色	• 选好第一个角色，然后按住〈Ctrl〉键再选择其余的角色。这种方法只是往选择列表中添加角色 • 选好第一个角色，然后按住〈Shift〉键再选择其余的角色。这种方法会转变角色的选择状态
【装配】选项卡或【协同】选项卡中的多个角色	• 选好第一个角色，然后按住〈Ctrl〉键再选择其余的角色。这种方法会转变角色的选择状态 • 选好第一个角色，然后按住〈Shift〉键再选择最后一个角色，则会选择一个连续的列表
当前选定角色所接触的所有角色	选择一个或多个角色后，单击【主页】/【切换】/【选择】/【选择相邻的零件】
所有角色	按住〈Ctrl+A〉键或单击【主页】/【切换】/【选择】/【全选】
所有未选角色	按住〈Ctrl+I〉键或单击【主页】/【切换】/【选择】/【反向选择】。该反向操作能够选择高亮显示以外的角色。也就是说，所有选中的角色都被取消选中状态，而所有未选角色都变为选中状态

（续）

选择的项目	方　法
与视口中的窗口相关的项目	•从左到右拖出一个矩形窗口框选可见的角色，所有处于该窗口内部或与该窗口边界相交的角色都被选中 •从右到左拖出一个矩形窗口框选可见的角色，所有处于该窗口内部的角色都被选中 •单击【主页】/【切换】/【选择】/【在球面内选择】或单击【主页】/【切换】/【选择】/【沿球面选择】，在视口中使用球形窗口进行选择。单击【定位球心】，拖动鼠标以定位边界，再次单击则完成选取 •按住〈Ctrl〉键，在多个窗口中选择角色
只选几何角色或协同角色	单击【主页】/【切换】/【选择】/【选择几何图形】或单击【主页】/【切换】/【选择】/【选择协同】。这些都是约束选择的过滤器。例如，如果清除了【选择几何图形】，则用户将无法选择几何角色
相同颜色的角色	单击【主页】/【切换】/【选择】/【根据颜色选择】，在视口中选择一个角色，程序将选择所有具有相同颜色属性的其他角色
角色的所有实例	单击【主页】/【切换】/【选择】/【选择实例】，在视口中选择一个角色，程序将选择该角色的所有其他实例
重复选取一组角色	创建一个选择集。选择用户想要添加到一个选择集中的项目，然后在【装配】或【协同】选项卡上单击【创建选择集】。根据所选角色的不同，选择集将会出现在【装配】选项卡或【协同】选项卡中

请注意选取角色和高亮显示角色之间的区别。当用户移动鼠标到一个角色上方时，角色会显示成醒目的绿色。当用户选中角色时，则该角色的表面和边线会显示成橙色。用户可以在文档属性中更改这些颜色。单击【文件】/【属性】/【文档属性】/【选定对象】，可以设置【选定对象颜色】和【突出显示颜色】。

下面将找出大多数装配体的紧固件，并将这些角色隐藏起来。由于它们在将要创建的营销图像上小到无法看见，因此需要将它们全部隐藏起来，以提高性能。

操作步骤

步骤 1　打开文件

从 Lesson07\Case Study 文件夹下打开 Swingset_Marketing. smg 文件。

步骤 2　创建照相机视图

在【视图】选项卡中单击【创建照相机视图】，将视图重命名为“Default Camera”。使用选择工具选择并隐藏一些紧固件。由于角色尺寸太小，在不影响图像品质的前提下通过隐藏它们来提升图形性能。

步骤 3　对装配树排序

在【装配】选项卡中单击【按字母排序】，装配树中的角色按字母顺序进行排列。此前，装配树结构与 CAD 装配体的结构匹配。

步骤 4　创建选择集

将【装配】选项卡的滚动条拖到底部并选择所有的“Washer”角色。在【装配】选项卡的顶部单击【创建选择集】。展开选择集，并重新命名为“Hardware”。

步骤 5　根据颜色选择

放大装配体到可以看到一个螺栓或另一可视紧固件的头部。单击【主页】/【切换】/【选择】 /【根据颜色选择】。选择紧固件的一个面，所有具有相同颜色属性的角色都被选中。这并不会将装配体中的每个紧固件都选中，一些紧固件是由不同的材质和颜色构成的。

步骤 6　添加到选择集

右键单击“Hardware”选择集并选择【从选择集添加角色】。

步骤 7　隐藏选择集中的所有角色

不勾选“Hardware”选择集前面的复选框，这样就隐藏了该选择集中的所有角色。

7.3　纹理

纹理是一种应用于模型上的类似于壁纸的 2D 图形文件。纹理通过缩放以覆盖在整个角色上。在纹理属性中，需要设定【投影模式】以决定纹理如何缩放覆盖，设定【比例】以决定图像的尺寸，以及许多其他属性。SOLIDWORKS Composer 的纹理支持以下图像格式：Bitmap、JPEG、Targa 和 RGB。

步骤 8　应用纹理到选中角色

选择两个蓝色的“Tarp”。在属性窗格中，勾选【纹理】/【显示】复选框。程序首先应用默认纹理，即棋盘打印，下面需要将其更改为正确的纹理。

步骤 9　修改纹理

在【纹理】/【映射路径】中，浏览到 Lesson07\Case Study\FabricPlain0028_2_S.jpg 文件并打开。缩放至其中一个“Tarp”时，用户可以看到外观的变化。拖动【纹理】/【高宽比】的滑条，观察改变纹理尺寸的效果。在属性中输入“25”并按〈Enter〉键。

提示　所有木质零件在视图“start”中都有纹理。这些已经完成纹理添加的视图可以简化课程内容。

现在添加一个原始的角色，并对角色应用纹理以作为贴花。

步骤 10　更改缩放比例和方位

单击 Z 轴查看装配体的主视图，放大跨过秋千顶部的主梁中心。

技巧　关闭【照相机透视模式】以获得齐平视图。

步骤 11　添加几何体

单击【几何图形】/【几何体】/【创建正方形】。单击横梁中心放置正方形的中心位置，然后再次单击设置正方形的边，如图 7-2 所示。正方形默认颜色为蓝色。

步骤 12　调整几何体

选择正方形并更改【深度】属性为“100”，【宽度】属性为“825”。

步骤 13　为几何体添加纹理

使正方形仍处于选中状态，勾选【纹理】/【显示】复选框。

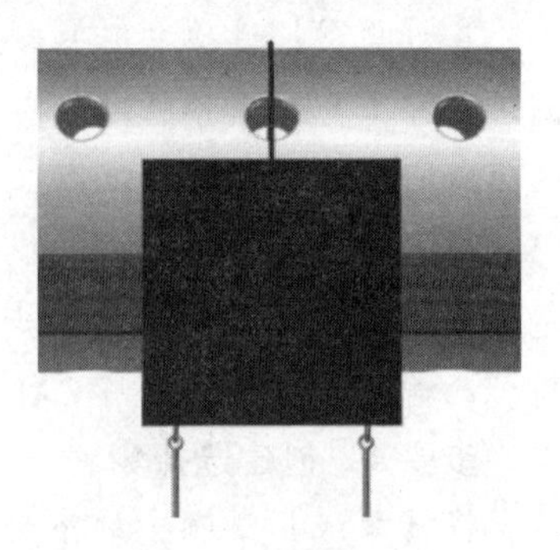

图 7-2　添加几何体

在【纹理】/【映射路径】中，浏览到 Lesson07 \ Case Study \ SOLIDWORKS_Composer_Logo. jpg 文件并打开，如图 7-3 所示。

步骤 14　修改纹理

为了移除蓝色，取消勾选【纹理】/【混色（调整）】复选框。现在可以看到仅有纹理没有域颜色。

步骤 15　创建新视图

应用“Default Camera”视图，单击【创建视图】，并将新视图命名为“Marketing”。

步骤 16　保存文件

图 7-3　为几何体添加纹理

提示

照相机的方向决定纹理的初步方向，这就是为什么用户要改变视图方向，直接看秋千的前面。如果从等轴测方向应用 logo 纹理，那么 logo 的方向是不正确的。如果用户需要修改纹理，可以使用纹理工作间中的以下工具移动或改变纹理的位置：

- 【纹理平移模式】：允许用户拖动纹理更改位置。
- 【纹理旋转模式】：允许用户拖动纹理更改方向。
- 【设置纹理投影轴】：允许用户沿着面的法向对齐纹理。
- 【设置纹理投影照相机】：允许用户沿着当前照相机方位的法向对齐纹理。

7.4　照明

一般情况下，SOLIDWORKS Composer 的模型是被环境光源照亮的。用户可以更改照明作为视口的属性（【照明】/【照明模式】）。或者，用户可以使用自定义照明。当使用自定义照明时，用户可以添加自定义光源的类型、位置、属性和方向。同时，环境光源被禁用。自定义光源见表 7-2。

表 7-2　自定义光源

工　具	功　能
定向光源	定向光源是来自距模型无限远的光源。定向光是由来自一个方向的平行光组成的圆柱光源
定位光源	定位光源是来自位于模型空间中特定坐标的非常小的光源。这种类型的光源发出各个方向的光，其效果就像是一个小灯泡浮在空中
聚光光源	聚光光源是来自一个锥形束范围的、聚焦的光源。它的最亮点在中心位置。聚光光源可以被瞄准到模型的特定区域

步骤 17　更改视口照明属性

选择视口并展开属性窗格中的【照明】选项。为【照明模式】选择【中度（两个光源）】。注意到由于被更多光源照明，该模型变得更亮。用户可尝试其他选择去测试其他照明模式。若为【照明模式】选择【自定义】，则用户就可以添加自定义光源。

技巧

一些操作可以帮助用户更容易地定位光源，包括：

• 分割视口为多窗格，方便用户在三维中观察光源的位置。

• 在状态栏上关闭【照相机透视模式】，这样用户在拖动光源时，光可以保持与屏幕平行。

• 使用【平移】→模式，可以与【曲线检测】模式一起使用，在一个特定方向拖动角色。

• 拖动光源时注意每次移动一点，要避免一步就拖动很大的距离。

• 视口中的多个窗格　用户可以将视口分割为多个窗格。有些功能是所有视口窗格所共有的，而有些功能是唯一的，见表 7-3。当在空间放置角色（如几何角色或光源）时，将视口分成多个窗格将会非常有用。

表 7-3　视口中的多个窗格

所有视口窗格共有	每个视口窗格独有
角色的外观（可见性和属性）	照相机的方位（缩放比例和旋转角度）
渲染样式	视口属性（背景、地面等）

步骤 18　分割视口

单击【窗口】/【视口】/【布局】，选择【三个窗格-一个窗格在左 & 两个水平窗格在右】布局。关闭【照相机透视模式】。使用罗盘定位视图。生成前视图、俯视图和侧视图 3 个视口，如图 7-4 所示。

步骤 19　创建定向光源

单击【渲染】/【照明】/【创建】/【定向光源】。单击鼠标一次放置光源位置，再次单击鼠标设定目标位置。光源的目标位置是秋千顶部的圆筒中央。然后按〈Esc〉键关闭工具。拖动光源和目标位置，如图 7-5 所示。

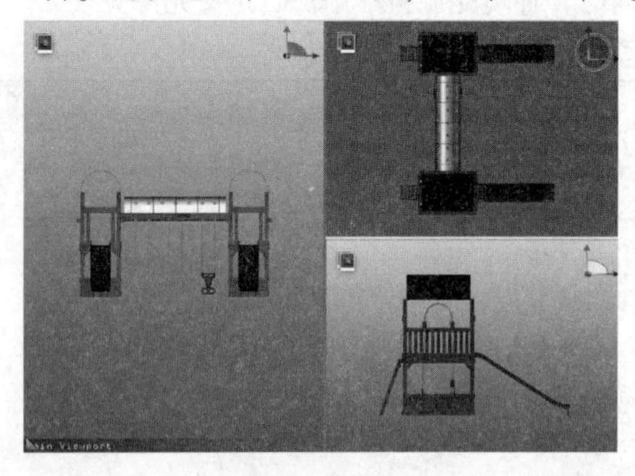

图 7-4　分割视口

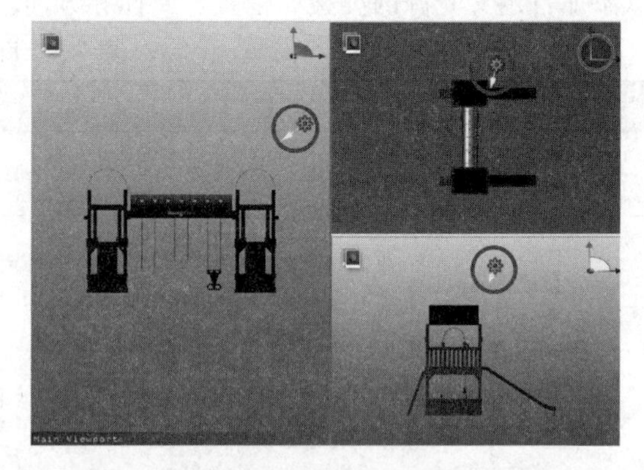

图 7-5　创建定向光源

提示

用户添加照明时，将仅在一个视口窗格中有变化。这是因为只能在该视口中设置模型照明属性为自定义。

步骤 20　修改光源属性

确保选中定向光源，设置【颜色】/【发散色】为浅黄色，如图 7-6 所示。

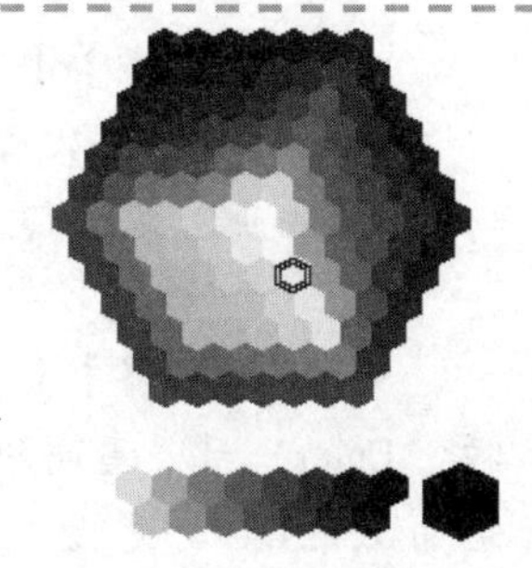

图 7-6　修改光源属性

步骤 21　创建其他定向光源

单击【渲染】/【照明】/【创建】/【定向光源】。单击鼠标一次放置光源，再次单击鼠标设定目标位置。目标位置位于秋千顶部的圆筒中央。按〈Esc〉键关闭工具。拖动光源和目标位置，如图 7-7 所示。

步骤 22　修改光源属性

确保选中了第二个定向光源，设置【强度】属性为 0.75。

步骤 23　更新视图

单击【窗口】/【视口】/【布局】/【单个窗格】，返回到单个视口。更新 "Marketing" 视图捕捉照明的位置和属性。应用 "Default Camera" 照相机视图。再次更新 "Marketing" 视图捕捉照相机方位，如图 7-8 所示。

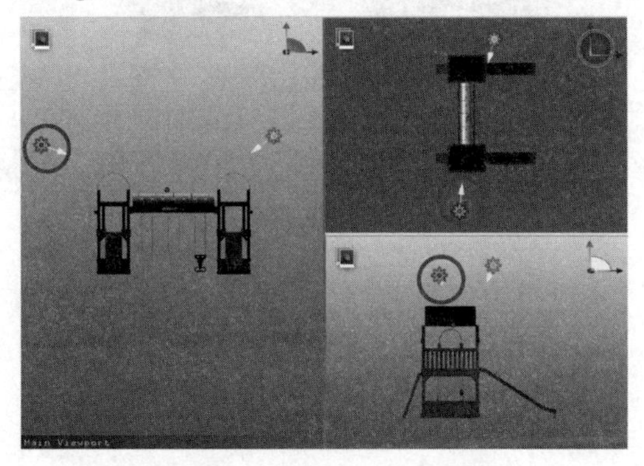

图 7-7　创建其他定向光源

图 7-8　更新视图

步骤 24　保存文件

7.5　场景

场景或环境会围绕模型创建设置，并影响模型在视口中的显示方式。如果没有设置场景，则模型渲染时不会有任何周围的事物，模型和照明会产生场景的阴影要素。在 SOLIDWORKS Composer 中，用户可以通过以下方式影响场景：更改地面协同角色，应用【渲染】选项卡的工具，或在背景中添加一个 2D 图像角色。

步骤 25　修改地面属性

在【协同】选项卡中，勾选【环境】/【地面】复选框，选择地面角色。

选择以下属性（在图 7-9 中以深色显示）：

- 【自动调整】：不勾选【启用】复选框。这让用户可以设置地面角色的尺寸。
- 【直径】：输入 "7700.000" 并按〈Enter〉键设定尺寸。
- 【地面纹理】：浏览到 Lesson07\Case Study\Grass0026_8_S.jpg 并单击【打开】。这将在模型下方增加一幅青草图像。

●【地面纹理】/【比例】：输入“40.00”并按〈Enter〉键，更改青草的外观。

●【地面阴影】：勾选【启用】复选框。

●【地面网格】：不勾选【启用】复选框。

●【地面边界】/【衰减】：输入“75.00”并按〈Enter〉键。更高的数值意味着在边线附近的地面效果衰减更慢。修改后的效果如图 7-10 所示。

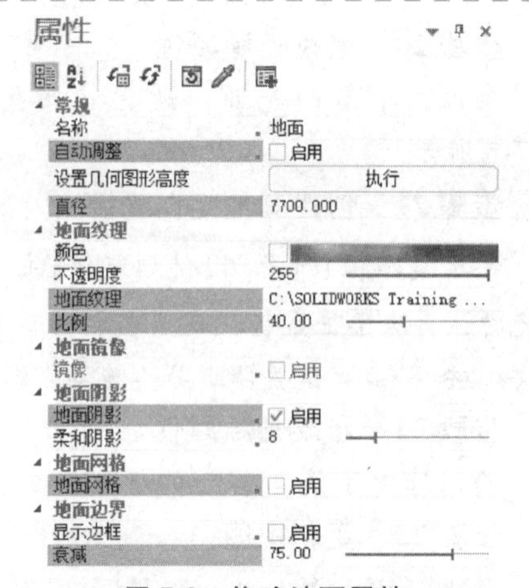

图 7-9　修改地面属性

步骤 26　添加每像素照明

单击【渲染】/【照明】/【每像素】。基于每个像素的颜色和照明显示阴影面，如图 7-11 所示。

图 7-10　修改后的效果

图 7-11　添加每像素照明

步骤 27　添加阴影

单击【渲染】/【照明】/【阴影】，这会让所有几何角色都投射和接收阴影，如图 7-12 所示。在不使用每像素照明时，用户不能得到阴影。

> 技巧　在本书中，也许很难通过下列图像看出场景的不同。在用户的屏幕中可以看到更大的图像并且拥有更高的分辨率，便于研究图像的不同。

图 7-12　添加阴影

步骤 28　添加环境光遮挡

单击【渲染】/【照明】/【环境光遮挡】。单击【视口】，更改【照明】/【环境光遮挡半径】属性为“9”。环境光遮挡通过附近角色的光照衰减显示阴影面，如图 7-13 所示。

步骤 29　添加景深

单击【渲染】/【景深】/【景深】。单击【渲染】/【景深】/【设置焦点】，然后单击秋千装置前面的 logo 设置焦点。景深可以测量照相机的远近，突出关注的主题。注意两个塔台上的角色是如何变模糊的，如图 7-14 所示。

图 7-13　添加环境光遮挡

图 7-14　添加景深

技巧 设置景深的焦点后，焦点的选择仍保留在屏幕上。用户可以通过取消勾选【渲染】/【景深】/【可视】复选框将其清除掉。

步骤 30　添加背景图像

单击【作者】/【面板】/【2D 图像】。单击纸张空间的左上角设置图像的一个角，然后单击纸张空间的右下角设置图像的另一个角。

技巧 请注意不要单击视图模式的按钮切换到动画模式。最初，软件应用默认的棋盘纹理。用户需要更改图像并将其移到背景中。

步骤 31　修改背景图像

在图像仍被选中时设置下列属性：

- 【背景】：勾选【启用】复选框，将图像放置到装配体后面。
- 【放置】/【左部】：输入“0”并按〈Enter〉键。
- 【放置】/【顶部】：输入“0”并按〈Enter〉键。
- 【放置】/【宽度】：输入“280”并按〈Enter〉键。
- 【放置】/【高度】：输入“215”并按〈Enter〉键。

更改这 4 个放置属性，强制将图像填充到整个纸张空间。

- 【纹理】/【映射路径】：浏览到 Lesson07 \ Case Study\BG testLight4. jpg 并单击【打开】。这将使用一张户外图像替换默认的纹理，如图 7-15 所示。

图 7-15　修改背景图像

步骤 32　更新视图

更新“Marketing”视图。

步骤 33　保存文件

7.6　高分辨率图像

在前面的章节中已经发布过 JPG 文件，但没有进行任何分辨率、尺寸或设置的更改。通过高分辨率图像工作间，用户可以控制栅格图的输出选项。栅格图是由像素组成的，每个像素被指定一个颜色和位置。

栅格图相比于矢量图的一个优点是栅格图能准确地显示光线、阴影或着色等模型的细微变化；另一个优点是每一个英寸的点数都可以被控制。

步骤 34　打开高分辨率图像工作间

单击【工作间】/【发布】/【高分辨率图像】。

步骤 35　设置高分辨率输出选项

在工作间中：

- 勾选【抗锯齿】复选框以平滑锯齿状边缘。如果用户想要控制效果，则可以使用【抗锯齿】选项卡中的选项。
- 取消勾选【Alpha 通道】复选框，这里不要透明的背景。另外要发布的是 JPG 文件，这种文件类型并不支持 Alpha 通道。
- 设置【像素】为【Auto】，输入“200”作为【DPI】。
- 勾选【使用文档纸张】复选框设置输出尺寸，如图 7-16 所示。

步骤 36　创建栅格图

在工作间中单击【另存为】。在【另存为】对话框中，输入“Marketing”作为文件名并单击【保存】。程序自动添加 .jpg 作为文件的扩展名。

步骤 37　打开栅格图

在 Windows 资源管理器中，双击 Marketing. jpg 打开文件，如图 7-17 所示。

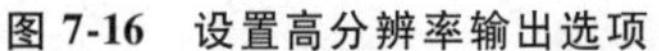

图 7-16　设置高分辨率输出选项

图 7-17　打开栅格图

提示　用户得到的图像有可能不一样，这是因为应用了不同方式的渲染效果，特别是自定义灯光的位置不同。

步骤 38　保存并关闭文件

练习 7-1　照明和纹理

练习应用纹理，添加自定义光源和使用高分辨率图像。当完成本练习时，用户可以在步骤 6 之后创建一个与输出图片近似匹配的 JPG 文件。

本练习将应用以下技术：

- 纹理。
- 照明。
- 高分辨率图像。

从 Lesson07\Exercises 文件夹下打开 jig saw. smg 文件。

查看图像以定位照明和角色。

操作步骤

步骤 1　为两个“bezel”角色添加纹理图片“texture001. bmp”

技巧：将纹理比例减少至大约 15%，避免在一些弯曲面上显示得模糊不清。

步骤 2　为“battery”角色添加纹理图片“texture002. bmp”

步骤 3　添加聚光光源

- 将聚光光源定位在图 7-18 所示的位置。
- 单击锯的中心确定目标位置。
- 调整锥光束到足够大，以照亮整个锯。
- 更改【环境色】为浅蓝色。

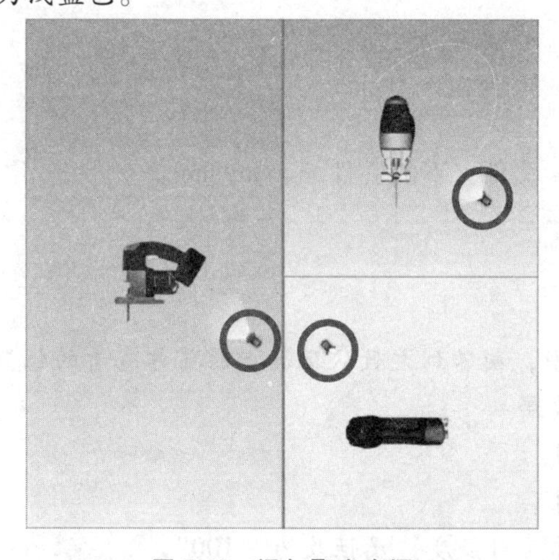

图 7-18　添加聚光光源

技巧：用户需要单击 3 次以放置聚光光源。第一次单击设置光源的位置，第二次单击设置目标中心，第三次单击设置圆锥的尺寸。

步骤 4　添加定向光源

- 将定向光源定位在图 7-19 所示的位置。
- 单击锯的顶部靠右侧的位置确定目标位置。
- 更改【环境色】为淡黄色。

步骤 5　根据需要添加必要的光源

步骤 6　使用高分辨率图像工作间创建最终的输出图片（见图 7-20）

图 7-19　添加定向光源

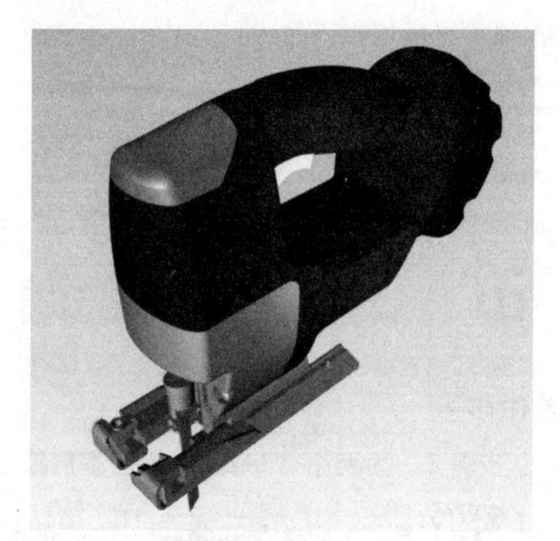

图 7-20　最终效果

练习 7-2　渲染效果

练习应用渲染效果以提升场景。当完成本练习时，用户可以在步骤 6 之后创建一个与输出图片近似匹配的 JPG 文件。

本练习将应用以下技术：

- 照明。
- 场景。
- 高分辨率图像。

打开 Lesson07\Exercises 文件夹下的文件 toy car. smg。

操作步骤

步骤 1　更改方位

应用透视并旋转模型，旋转到大致从玩具车的前方查看的位置。

步骤 2　更新地面效果

- 关闭【网格效果】。
- 开启【镜像效果】。
- 将【地面镜像】/【反射强度】属性改为“100”。

步骤 3　更改照明

使用默认的一种照明方案，可以选择用户喜欢的或使用【金属（三个光源）】。

步骤 4　应用其他照明效果

- 开启【每像素照明】。
- 开启【阴影】。
- 开启【环境光遮挡】。
- 将【照明】/【环境光遮挡半径】属性改为“5”。

步骤 5　添加景深效果

- 开启【景深】。
- 设置焦点为齿条与齿轮中间的位置，如图 7-21 所示。

图 7-21　添加景深效果

步骤 6　使用高分辨率图像工作间创建最终输出

步骤 7　保存并关闭文件

练习 7-3　合并和对齐角色

练习将扳手导入并合并到电磁阀装配体中。

本练习将应用以下技术：

- 纸张空间。
- 导入文件。
- 角色对齐。
- 视口中的多个窗格。

从 Lesson07\Exercises 文件夹下打开 solenoid. smg 文件。

操作步骤

步骤 1　预览存在的视图

查看 solenoid. smg 的"Default"和"Section"视图。当完成本练习时，这些视图应保持不变。

步骤 2　将 wrench. sldprt 合并到当前文件内

确保此零件导入后只有一个角色，图纸为 A4 横向。

技巧　如果用户计算机上没有安装 SOLIDWORKS Importer，可以从 Lesson07 \ Exercises 文件夹下打开 wrench. smg。用户还必须确认图纸的尺寸正确。

步骤 3　将扳手放到最终位置

使用多个窗格和移动工具将扳手放到图 7-22 所示位置附近。

图 7-22　将扳手放到最终位置

步骤 4　对齐扳手

使用对齐和移动工具定位扳手。

步骤 5　创建视图

创建名为"Service"的视图以显示扳手。

第8章 创 建 动 画

学习目标

- 熟悉时间轴窗格
- 利用时间轴窗格创建动画
- 模拟角色的位置变化

扫码看视频

8.1 概述

本章将查看一个已有动画，以便熟悉时间轴窗格。然后将创建一个动画，爆炸“Cutter”装配体的几个零件，如图 8-1 所示。

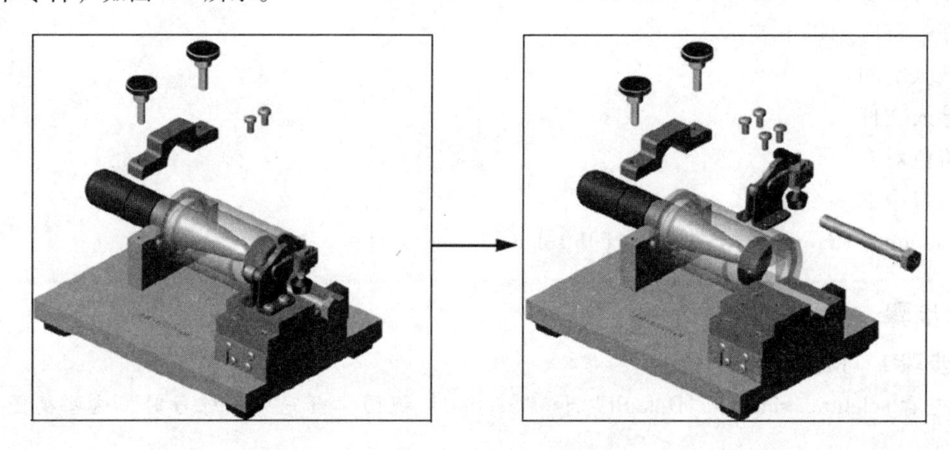

图 8-1 爆炸动画

8.2 时间轴窗格

SOLIDWORKS Composer 使用基于关键帧的内嵌时间轴界面。时间轴窗格允许用户轻松访问关键帧、过滤器，以及回放工具，并简化创建及编辑过程。默认情况下，时间轴窗格固定在 SOLIDWORKS Composer 窗口的底部。

操作步骤

步骤 1 打开文件

打开 Lesson08\Case Study 文件夹下的 Cutter. smg 文件。

步骤 2 确认动画模式

确保视口左上方显示的是【动画模式】图标。当该图标处于激活状态时，可以控制时间轴窗格。

步骤 3 播放动画

在时间轴窗格中，清除【循环播放模式】，让动画只播放一次，然后单击【播放】。注意在动画中发生了以下变化：

- 照相机方位和缩放比例发生变化。
- 组件每次爆炸一部分。
- 照相机方位再次改变，显示装配体的另外一侧。

这些都是 SOLIDWORKS Composer 可以完成的多项功能中的一部分。

8.2.1 术语

用户在使用时间轴窗格之前，需要学习一些术语。图 8-2 所示为一个示例动画的时间轴。

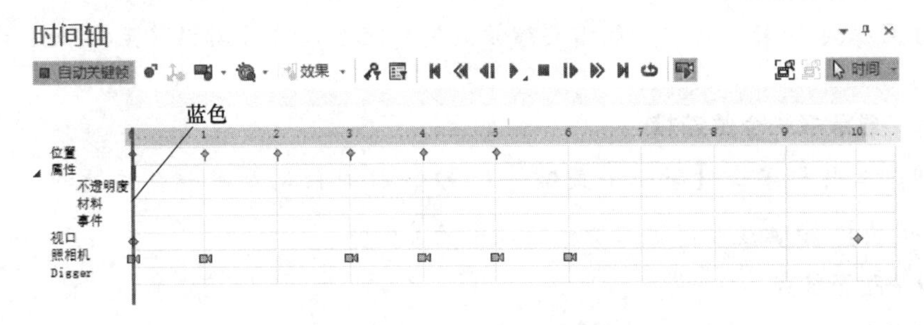

图 8-2 示例动画的时间轴

1. 时间栏

时间栏是一条竖直的线段，用户可以拖动这条线段以显示任意时刻的动画。它还可以被用来在特定时刻放置事件。在图 8-2 中，蓝色的竖直线段位于 0s 标记处。

2. 关键帧

关键帧用于在特定时间控制角色的特征。界面中包含几种类型的关键帧来追踪不同的特性：

- 【位置】关键帧记录角色的位置。
- 【属性】关键帧记录角色的属性。有【不透明度】、【材料】和【事件】的单独关键帧轨迹。
- 【视口】关键帧记录视口的属性。
- 【照相机】关键帧记录模型的方位。
- 【Digger】关键帧记录 Digger 的特性。

3. 关键帧轨迹

关键帧轨迹显示并控制动画中事件的顺序。关键帧轨迹中的行对应着不同类型的关键帧。

4. 时间轴工具栏

时间轴工具栏包含用户想要创建和编辑动画的工具。

8.2.2 熟悉时间轴窗格

当前的动画持续时间大约为 10s。根据应用窗口的尺寸，用户有可能无法看全 10s 的关键帧轨迹。如果用户想看全所有内容，关键帧可能相隔太近而很难选取。使用平移和缩放工具有助于显示所需的关键帧轨迹。

步骤 4　平移查看动画结尾

按下鼠标中键，在关键帧轨迹中水平拖动。用户也可以单击时间轴工具栏的【时间】/【平移】进行拖动。

步骤 5　缩放靠近查看

滚动鼠标中键，在关键帧轨迹中缩放。当用户滚动鼠标中键时，关注的中心是当前鼠标指针的位置。用户也可以单击时间轴工具栏的【时间】/【缩放】进行缩放。

步骤 6　显示整个关键帧轨迹

双击关键帧轨迹以显示所有关键帧轨迹中的关键帧。

8.2.3　回放操作

时间轴工具栏包含在视口中控制动画回放的工具。此外，用户还可以拖动时间栏沿着关键帧轨迹播放动画，或沿着关键帧轨迹单击任意位置，以播放这一时刻的动画。

步骤 7　拖动时间栏

拖动时间栏到 2s 处。用户可能需要缩放关键帧轨迹以将时间栏移至 2s 处，视口显示在该时刻的画面。

步骤 8　显示下一个关键帧

在时间轴工具栏单击【下一个关键帧】，时间栏跳至下一个关键帧。多次单击【下一个关键帧】，逐步跨过关键帧轨迹中的关键帧。

步骤 9　跳至结束

在时间轴工具栏单击【快进】，动画将移至最后。

技巧　当用户播放动画时，可以忽略照相机关键帧。关闭【照相机播放模式】，当用户播放动画时就不会发生方位改变。【照相机播放模式】关闭时，在播放动画时可以使用所有导航工具，如缩放、平移、旋转等。

8.3　位置关键帧

位置关键帧记录角色的位置。角色的位置描述角色如何爆炸或解除爆炸。位置关键帧控制几何及协同角色的位置。在同一时刻可以存在多个位置关键帧。在任何时候，一个关键帧都可以控制几个角色的位置。用户可以使用过滤器来识别特定角色的关键帧。

8.3.1　自动关键帧

当时间轴工具栏中的【自动关键帧】被选中时，如果用户改变了角色的位置，程序将在当前时间栏的位置记录一个关键帧。例如，如果时间栏位于 3s 处，而且用户移动了一个角色，则自动关键帧将放置一个关键帧记录这个位置。

使用【自动关键帧】可以很容易地创建一个动画，但用户要慎重使用。如果用户移动一个角色以仔细观察其背后的内容，【自动关键帧】会在当前时间栏的位置记录一个关键帧，以记录角色新的位置。注意，【自动关键帧】会记录所有位置及属性的改变。同时，请注意【自动关键帧】并不记录现状。如果用户想让角色在 5~7s 内移动，必须在 5s 处手动设置一个位置关键帧。【自动关键帧】不能记录角色仅在 5s 处保持不动时的位置。

8.3.2 一般过程

下列过程为最常用的更改动画位置或属性的步骤：

1）将时间栏移至开始时刻。

2）设置关键帧记录角色的初始外观或位置。

3）移动时间栏至结束时刻。

4）更改角色的外观或位置。

5）设置关键帧记录角色最终的外观。如果【自动关键帧】开启，则没有必要手动设置关键帧。

在本章接下来的部分，将创建移除夹具和被夹螺栓的动画序列。

步骤 10　设置位置关键帧

在视口中，选择剩余两个用于固定夹具的平底十字头螺钉。移动时间栏至7s处。在时间轴工具栏中单击【设置位置关键帧】，这将在7s处记录这些角色的当前位置。

步骤 11　移动角色

移动时间栏至8s处。单击【变换】/【移动】/【平移】，并沿绿色箭头拖动角色至另外两个平底十字头螺钉的附近，如图8-3所示。

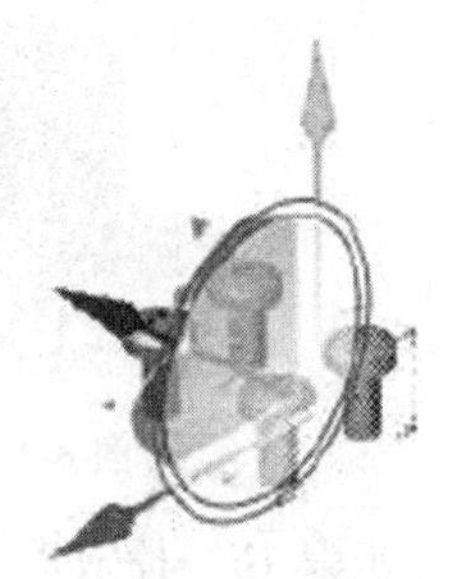

图 8-3　移动角色

因为【自动关键帧】开启，在8s处会出现一个关键帧。

步骤 12　播放动画

将时间栏移至6s处，在时间轴工具栏中单击【播放】。

技巧

用户应该经常播放动画来检查所做的工作。在本章中，建议用户在移动每个角色后播放动画。如果用户犯了错误，而且刚完成了这些步骤，可以按〈Ctrl+Z〉键撤销操作。

步骤 13　设置位置关键帧

在【装配】选项卡中，选择“CLAMP SUBASSY”来选择夹具。在本例中，用户是否使用装配选择模式并不重要。移动时间栏至8s处，在时间轴工具栏中单击【设置位置关键帧】，这将在8s处记录这些角色的当前位置。

步骤 14　移动角色

将时间栏移至9s处，单击【变换】/【移动】/【平移】，将它们拖动至平底十字头螺钉的下部。

步骤 15　播放动画

将时间栏移至6s处，在时间轴工具栏中单击【播放】。螺钉应该先爆炸，然后夹具再进行爆炸，如图8-4所示。

步骤 16　设置位置关键帧

选择“hex cap screw_am”，将时间栏移至9s处，在时间轴工具栏中单击【设置位置关键帧】。

步骤 17　移动角色两次

将时间栏移至 10s 处。单击【变换】/【移动】/【平移】，使用一个手柄将螺栓向右移动，使用另一个手柄将螺栓向上移动。

因为【自动关键帧】开启，在 10s 处会出现一个关键帧，如图 8-5 所示。

图 8-4　播放动画

图 8-5　移动角色

步骤 18　播放动画

将时间栏移至 8s 处，在时间轴工具栏中单击【播放】，观察螺栓的爆炸顺序。注意到角色按对角线路径移至最终位置。用户可能会觉得该角色应该先向右然后再向上移动，而不是沿着对角线的路径移动，那么到底发生了什么？

由于竖直和水平方向的移动都设置为 10s，所以才会发生这样的结果。时间栏无法在这两次移动中发生位移。程序将从 9s 处该角色开始的位置，按照最短路径移至 10s 处的最终位置。如果要分开记录竖直运动和水平运动，则用户必须在不同时刻对两次移动分别设置关键帧。

步骤 19　将角色返回至初始位置

由于这不是想要的结果，按几次〈Ctrl+Z〉键撤销前面的操作，将螺栓返回至最初的位置。当它位于最初位置时，10s 处的关键帧也会消失。

技巧　在时间轴窗格撤销步骤有几种方法。用户可以使用之前使用过的撤销功能，并选择关键帧编辑它们，例如将它们移至不同时刻。用户还可以删除不必要的关键帧。当用户熟悉时间轴窗格和关键帧轨迹的特性后，推荐使用撤销功能来纠正最近所犯的错误，而不必编辑或删除关键帧轨迹中的错误关键帧。

步骤 20　再次移动角色

移动时间栏至 9.5s 处，向右移动螺栓。

移动时间栏至 10s 处，向上移动螺栓。

因为【自动关键帧】开启，在 9.5s 和 10s 处会各出现一个关键帧。

步骤 21　播放动画

将时间栏移至 0s 处，在时间轴工具栏中单击【播放】，查看整个动画。

步骤 22　输出视频

确保【显示/隐藏纸张】已激活。单击【工作间】/【发布】/【视频】。在本章中，将保留所有默认设置。用户也可以更改分辨率、时间范围或应用抗锯齿效果。

单击【将视频另存为】，浏览到 Lesson08\Case Study 文件夹，确保【保存类型】为【MP4】，输入“Cutter”作为【文件名】并单击【保存】。

步骤 23　播放视频

浏览到在上一步骤中创建的 Cutter. mp4，并播放视频。

步骤 24　保存并关闭文件

提示　本章只是对动画的入门介绍，更多关于动画的内容将在接下来的章节中介绍。

练习　创建爆炸动画

练习创建动画。完成本练习后，用户将能够创建一个爆炸角色的动画，如图 8-6 所示。

本练习将应用以下技术：

- 爆炸视图。
- 时间轴窗格。
- 一般过程。
- 位置关键帧。

打开 Lesson08\Exercises 文件夹下的文件 solenoid. smg。

表 8-1 中各列的含义如下：

1) 步骤。完成动画任务的顺序。

2) 开始时间。任务开始的时间。在开始的时间设置角色的初始位置。

3) 结束时间。任务结束的时间。

4) 动作。任务的内容。

5) 图像。每个任务都辅以一幅图像显示角色。

例如，步骤 2 表示垫圈位于 2s 处的开始位置，以及 4s 处的结束位置。

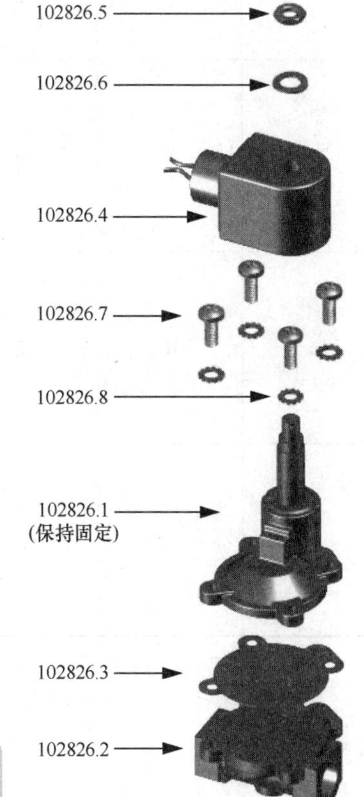

图 8-6　创建爆炸动画

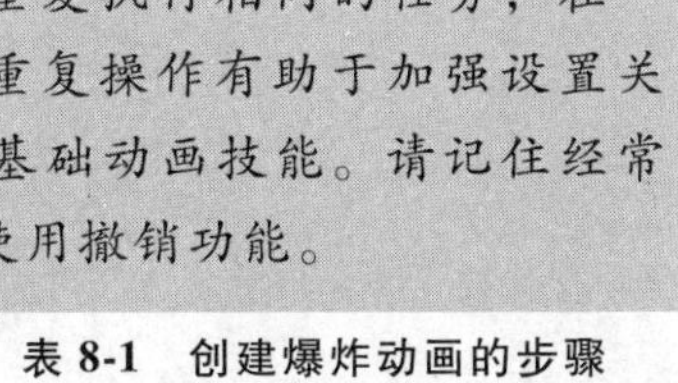

技巧　本练习要求用户重复执行相同的任务，在一个动画中移动角色。重复操作有助于加强设置关键帧和移动时间栏的基础动画技能。请记住经常播放动画并在出错时使用撤销功能。

表 8-1　创建爆炸动画的步骤

步骤	开始时间/s	结束时间/s	动　作	图　像
1	0	2	移动 102826. 5	

（续）

步骤	开始时间/s	结束时间/s	动　　作	图　　像
2	2	4	移动 102826. 6	
3	4	6	移动 102826. 4	
4	6	8	移动所有 4 个 102826. 7 角色	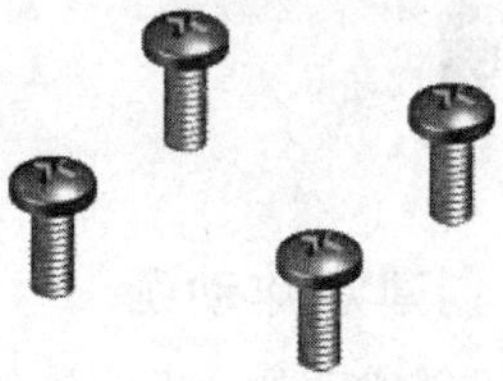
5	8	10	移动所有 4 个 102826. 8 角色	
6	10	12	移动 102826. 2	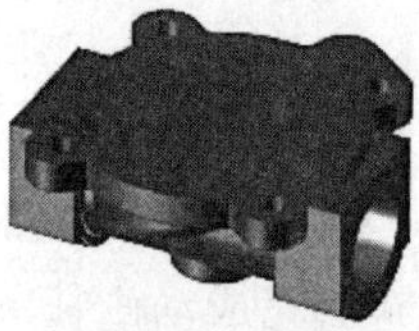
7	12	14	移动 102826. 3	

第 9 章　创建交互内容

学习目标

- 将视图拖到时间轴上以组建动画
- 在关键帧轨迹上复制和移动关键帧
- 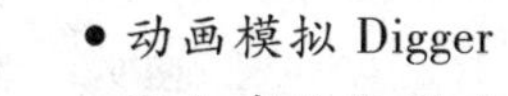动画模拟 Digger
- 添加事件控制动画
- 创建视图集合

扫码看视频

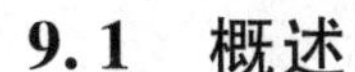

9.1　概述

在本章中，将创建一个动画来模仿一套典型的装配说明。首先从一系列视图组建动画，然后进行修改以改进动画顺序，并添加触发动画的事件，如图 9-1 所示。

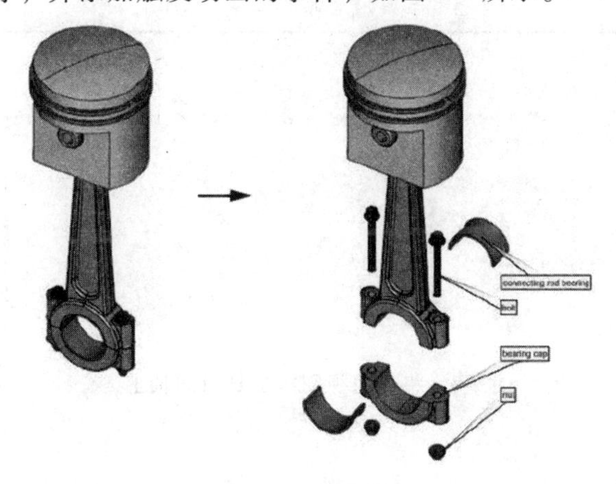

图 9-1　创建动画

9.2　动画视图

在第 8 章中，用户通过设置角色的开始和结束位置以及属性来组建动画。另一种组建动画的方法是创建用作动画“故事板”的视图，然后将这些视图拖放到时间轴窗格中，以创建一个从一个视图切换到另一个视图的粗略动画。应用程序使用视图来控制角色的属性和位置以及照相机方位。

操作步骤

步骤 1　打开文件

从 Lesson09\Case Study 文件夹下打开 piston. smg 文件。

步骤 2　确认动画模式

确保视口左上角的图标为【动画模式】。当此图标处于激活状态时，时间轴窗格中的时间栏才可使用。

步骤 3　将“Default”视图拖放到时间轴上

从【视图】选项卡拖动“Default”视图到时间轴的 0s 处。注意到视图的名称被添加以用作标记，如图 9-2 所示。

标记是时间轴窗格中的笔记，它们对于定位动画中的关键事件非常有用。更重要的是，它们对于添加触发动画的事件至关重要。这将在本章的后面进行介绍。

图 9-2　将“Default”视图拖放到时间轴上

步骤 4　将其他视图拖放到时间轴上

按照表 9-1，将剩余的 6 个视图拖放到时间轴的对应时间上。结果如图 9-3 所示。

表 9-1　各视图所在的时间

视图	时间/s	视图	时间/s
01a	1	02b	7
01b	2	03a	8
02a	3	03b	9

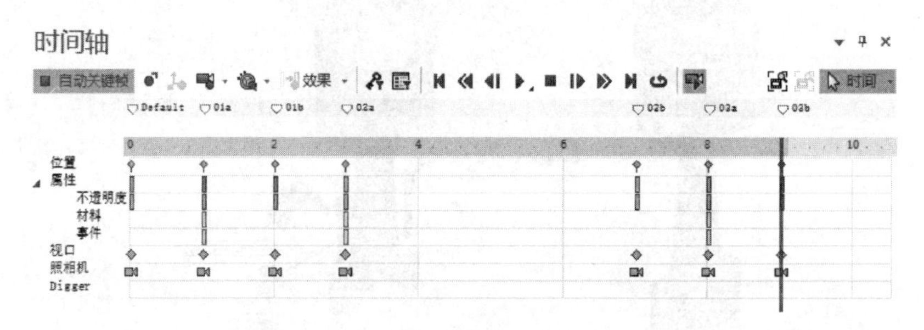

图 9-3　将其他视图拖放到时间轴上

步骤 5　播放动画

单击【快退】，再单击【播放】。动画完整播放，角色的位置和可视性看起来还不错。

9.3　改进动画

将视图拖放到时间轴上组建动画的方法效果不是很好。下面需要对动画进行改进，包括删除额外的关键帧、改进解除爆炸的顺序等。

9.3.1　删除额外的关键帧

每次添加视图时，所有的角色都有关键帧，因此每个角色在 0s、1s 和 2s 等处都有关键帧，这将创建执行相同功能的额外关键帧。SOLIDWORKS Composer 具有【删除未使用的关键帧】功能，可以删除关键帧轨迹上不必要的关键帧。

9.3.2　过滤器

某些关键帧会影响到特定的角色或角色的属性，过滤器可以让用户只显示这部分关键帧。在关键帧轨迹窗口，过滤器能够帮助用户定位感兴趣的关键帧。过滤器有两种，见表 9-2。

表 9-2　两种过滤器及作用

过滤器	作　用
仅显示选定角色的关键帧	只显示当前选定对象的关键帧
仅显示选定属性的关键帧	对所有角色而言，只显示所选属性（颜色、不透明度等）的关键帧。可以结合第一个过滤器，对所选角色过滤一个属性

步骤 6　查看额外关键帧

选择活塞（piston），在时间轴工具栏中单击【仅显示选定角色的关键帧】，只有与选定角色有关的关键帧显示在关键帧轨迹上。请注意，这个角色在每个标记处都有位置关键帧，即使此角色在动画中并未移动，如图 9-4 所示。

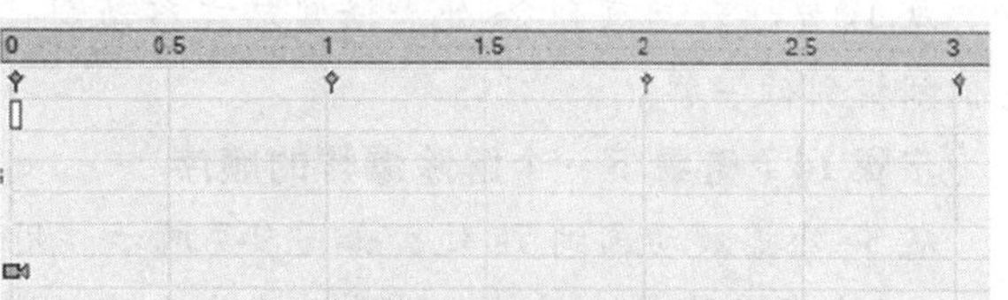

图 9-4　查看额外关键帧

步骤 7　清除无用的关键帧

在视口中的空白区域单击，以取消选择活塞。在时间轴工具栏中关闭【仅显示选定角色的关键帧】。单击【动画】/【清除】/【删除未使用的关键帧】，在警告中单击【确定】。应用程序清除所有角色的所有未使用的关键帧。

在这种尺寸大小的装配体中，此功能可能不是必需的。在带有许多视图的大型装配体中，此功能有助于提高性能。另外，即使在小型装配体中，如果其拥有较少的关键帧，用户在编辑时间轴时也会更加容易。

9.3.3　改进解除爆炸的顺序

将视图拖到时间轴时，动画将从一个视图转换到另一个视图。在解除爆炸的顺序中，这会导致所有角色同时开始和结束它们的动作。事实上情况并非如此，因为在移动另一个角色之前需要将某个角色移动到位。

下面将改进活塞环（piston ring）、活塞杆（piston rod）和活塞销（piston pin）的解除爆炸顺序。

步骤 8　查看解除爆炸的顺序

从 1s 处播放动画到 2s 处，理想状态下，活塞环应该卡入到位，如图 9-5 所示。

步骤 9　设置动画选项

单击【动画】/【其他】/【时间设置】，取消勾选【移动关键帧时更新标记】复选框。当用户复制关键帧时不会复制标记。

步骤 10　选择两个活塞环

将时间栏移动到 2s 处。选择两个活塞环角色，然后在时间轴工具栏上单击【仅显示选定角色的关键帧】。

步骤 11　复制关键帧

按住〈Ctrl〉键，将关键帧从 2s 处移至大约 1.8s 处。由于过滤器的作用，此操作仅复制活塞环角色的位置关键帧。

步骤 12　更改比例属性

将时间栏移至 1.8s 处，在【比例 Y】和【比例 Z】属性中输入“1.2”。视口中两个活塞环变大，如图 9-6 所示。由于【自动关键帧】打开，属性的更改将被自动记录。

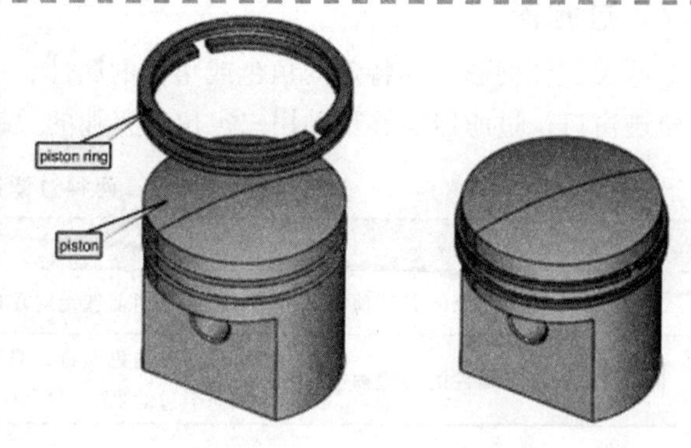

图 9-5　查看解除爆炸的顺序

步骤 13　查看改进的顺序

从 1s 处播放动画到 2s 处。活塞环在移动到位时变大，然后再围绕活塞头收缩，好像它们捕捉到位一样。

步骤 14　查看下一个解除爆炸的顺序

从 3s 处播放动画到 7s 处，如图 9-7 所示。用户需要改进一些内容：

- 4 个角色应该从同时移动改进为依次按顺序移动。
- 现在卡环在移动到活塞销上时并不会变大，它们应该模拟出捕捉到位的动作。

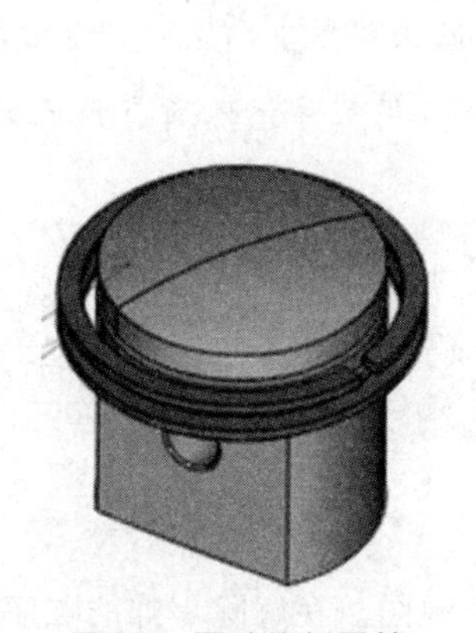

图 9-6　更改比例属性

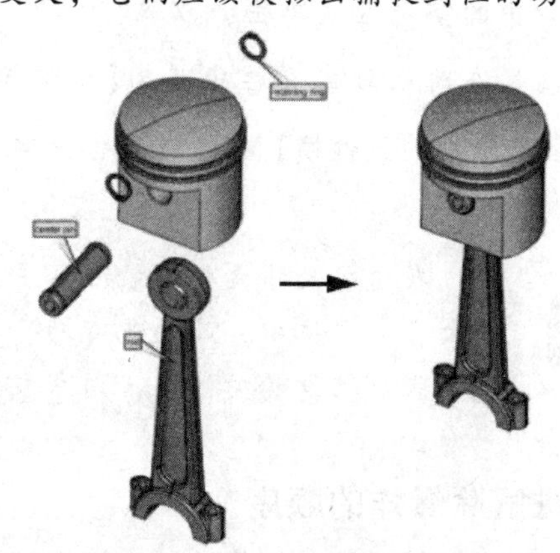

图 9-7　查看下一个解除爆炸的顺序

步骤 15　更改连杆运动的时间

确保时间轴工具栏上的【仅显示选定角色的关键帧】选项打开。选择连杆，只显示它的关键帧。按住〈Ctrl〉键，将位置关键帧从 7s 处拖动到 4s 处。

技巧　用户不清楚 7s 后角色会发生什么变化，所以需要复制而不是移动该角色的关键帧。通过复制关键帧，确保它在这个解除爆炸动作序列发生时不会从 4s 处移动到 7s 处。

步骤 16　复制其他关键帧

按照表 9-3 的内容，复制其他关键帧。

表 9-3　复制其他关键帧

选择角色	复制关键帧的时间/s	粘贴关键帧的时间/s
活塞销(piston pin)	3	4
活塞销(piston pin)	7	5
2 个卡环(retaining ring)	3	5
2 个卡环(retaining ring)	7	6

步骤 17　更改比例属性

将时间栏移至 6s 处，在【比例 X】和【比例 Y】属性中输入“1.3”。视口中两个卡环变大，如图 9-8 所示。由于【自动关键帧】打开，属性的更改将被自动记录。

图 9-8　更改比例属性

9.4　Digger 关键帧

在动画中，用户可以设置 Digger 关键帧，以控制 Digger 的所有方面。例如，用户可以控制 Digger 的位置、大小和兴趣点，以及随时间推移 Digger 的功能，如缩放、洋葱皮等。

Digger 也存在一个自动关键帧模式。与照相机位置的自动关键帧模式类似，用户会发现只捕捉想要的设置是非常困难的。建议手动设置 Digger 关键帧，除非用户非常精通 SOLIDWORKS Composer。本节中将使用 Digger 工具高亮显示固定活塞销的卡环。

步骤 18　设置 Digger

将时间栏移至 5.8s 处。按空格键打开 Digger，拖动【更改兴趣点】工具，直到指向卡环，如图 9-9 所示。如有必要，拖动【百分比】工具以更改缩放量。

步骤 19　创建 Digger 关键帧

在时间轴工具栏上单击【设置 Digger 关键帧】，这会在此时记录当前 Digger 的尺寸和属性。

步骤 20　复制和更新 Digger 关键帧

按住〈Ctrl〉键，从 5.8s 处复制 Digger 关键帧到 5.5s 处，这样 Digger 会保持其大小和位置。将时间栏移至 5.5s 处，拖动【半径】工具把 Digger 调整为一个小圆圈。在时间轴工具栏上单击【设置 Digger 关键帧】，通过使 Digger 在 5.5s 时变小，来模拟 Digger 的淡入效果。

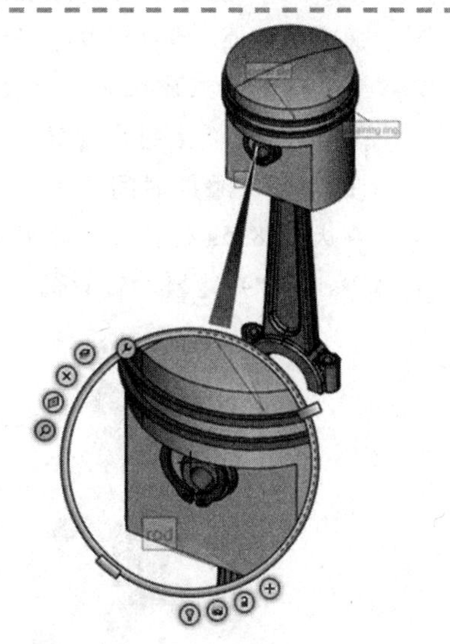

图 9-9　设置 Digger

步骤 21　复制两个 Digger 关键帧

按住〈Ctrl〉键，从 5.8s 处复制 Digger 关键帧到 6.5s 处。这将使 Digger 在这段时间内保持不变。按住〈Ctrl〉键，从 5.5s 处复制 Digger 关键帧到 7s 的前一帧。

步骤 22　隐藏 Digger

将时间栏移至 7s 处，按空格键关闭 Digger。在时间轴工具栏上单击【设置 Digger 关键帧】。

步骤 23　保存文件

9.5　在关键帧轨迹中选择

用户可以在关键帧轨迹中选择多个关键帧，并在这些选择集上执行多种操作。例如，用户可以在关键帧之间添加或压缩时间、复制关键帧、反转关键帧的顺序（用于产生一个组装装配体的顺序）。一般来说，用户可以拖出一个窗口选择想要的关键帧，如图 9-10 所示。

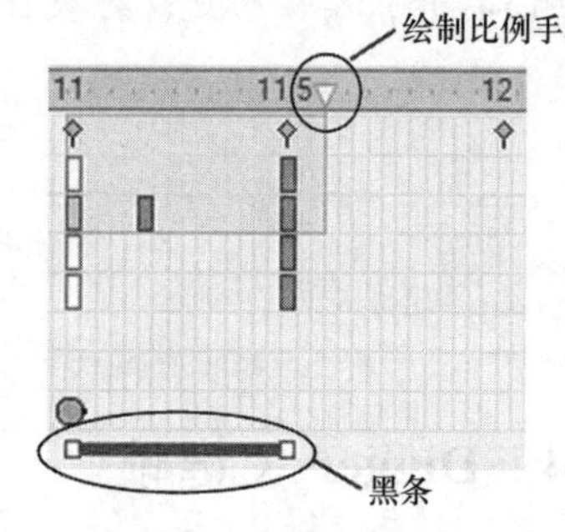

图 9-10　关键帧轨迹的选择

对于任何选取而言，用户可以拖动绘制比例手柄，来调整完成该动画片段所需的时间。这个操作能够改变时间轴中的时长，用户可以增加或减少这个时长，所有晚于所选时间的关键帧都将被移动。如果想要改变关键帧之间的时间量，用户可以在关键帧之间拖出一个窗口覆盖这个区域，然后使用绘制比例手柄添加或移除一段时间。如果一次选择了多个关键帧，则在关键帧下方会出现一个黑条。用户可以拖动黑条的任意一端以调整关键帧之间的时间（注意这个操作并不会从时间轴中添加或移除时间）。用户还可以拖动黑条的中间部位，移动所选的关键帧。如果想要复制所选的关键帧，按住〈Ctrl〉键并拖动黑条的中间部位到一个新的位置。

步骤 24　查看最终解除爆炸的顺序

将动画从 8s 播放到 9s，如图 9-11 所示。有一些内容需要改进：

- 7 个角色应该从同时移动改进为依次按顺序移动。
- 在 1s 内发生的事情较多。

步骤 25　添加时间

在大约 8.5s 处拖出一个窗口，如图 9-12 所示。只要用户选择所有行并且没有选择在 8s 或 9s 时的关键帧，窗口的宽度无关紧要。

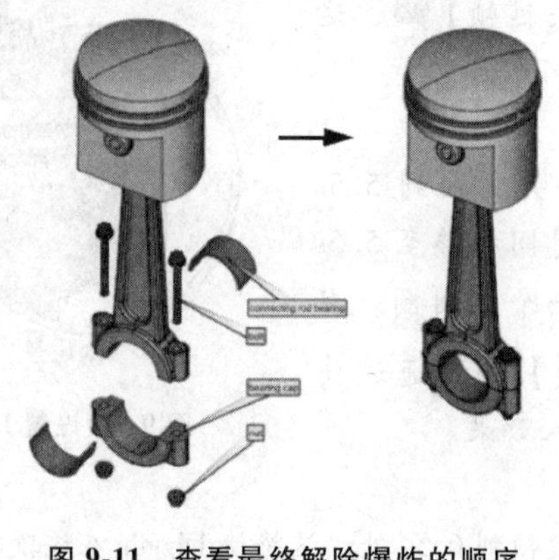
图 9-11　查看最终解除爆炸的顺序

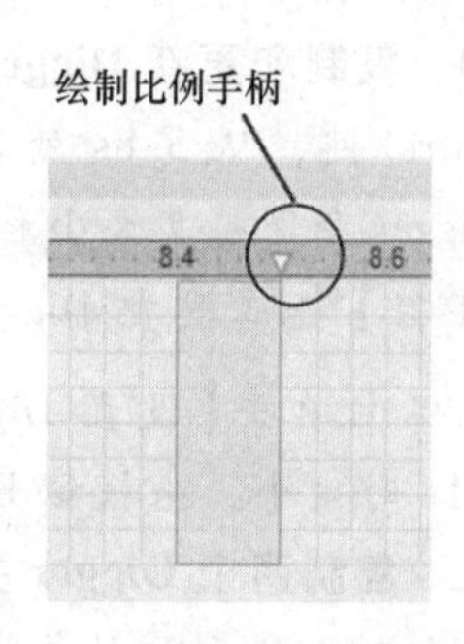

图 9-12　拖出窗口

按住〈Shift〉键并向右拖动绘制比例手柄，将9s处的关键帧移动到12s处。松开鼠标按键后再松开〈Shift〉键。现在关键帧轨迹上在8~12s之间没有任何关键帧。

当移动关键帧时，用户需要按住〈Shift〉键来进行移动。

步骤26 复制关键帧

使用时间轴工具栏上的【仅显示选定角色的关键帧】，按表9-4复制对应角色的位置关键帧。

表9-4 复制关键帧

选择角色	复制关键帧的时间/s	粘贴关键帧的时间/s
轴承盖（bearing cap）	12	9
2个连杆轴承（connecting rod bearing）	8	9
2个连杆轴承（connecting rod bearing）	12	10
2个螺栓（bolt）	8	10
2个螺栓（bolt）	12	11
2个螺母（nut）	8	11

步骤27 关闭过滤器

取消选择时间轴工具栏上的【仅显示选定角色的关键帧】。

步骤28 播放动画

从头到尾播放整个动画，注意观察重要的变化：

- 活塞环和卡环卡入到位。
- Digger工具突出显示小型挡圈。
- 角色按照正确的顺序依次移动。

9.6 事件

事件允许用户在视口中与角色进行交互。当用户在SOLIDWORKS Composer Player中查看SOLIDWORKS Composer文件时会发生交互操作。当用户想将角色和事件进行相互关联时，可以修改角色的属性。事件包括链接到显示文件、URL以及FTP站点。事件还包括链接到显示视图、播放标记序列或播放整个动画。

如果向角色添加事件，用户必须更改角色的【脉冲】属性来停止动画。如果不更改【脉冲】属性，动画将继续播放并忽略该事件。

在本节中，将使用事件来允许用户播放或重放动画的部分内容。

步骤29 添加用于播放的按钮

将时间栏移动到0s处，单击【作者】/【面板】/【2D图像】/【所有按钮】。单击以将按钮放在纸张空间的底部，如图9-13所示。

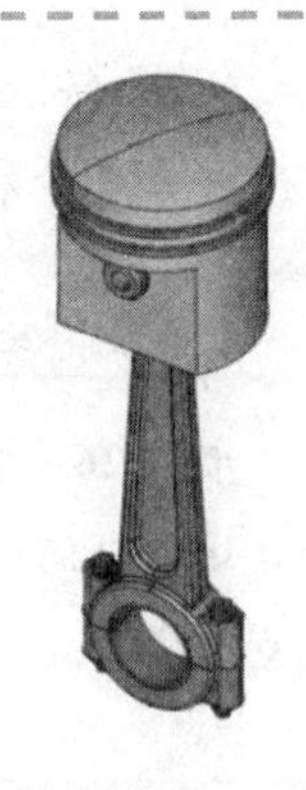

图 9-13　添加用于播放的按钮

步骤 30　检查事件属性

选择【下一步】，注意不要移动或调整图像。在属性窗格中，展开窗格底部的【样式】，注意到“链接【事件】”属性设置为“next://ref:next”。当用户单击这个按钮时，动画将会播放至时间轴中的下一个标记。

步骤 31　测试动画

在状态栏中清除【设计模式】，这会在 SOLIDWORKS Composer 中模拟 SOLIDWORKS Composer Player。单击【下一步】，从头开始播放动画。每次动画暂停时，单击视口中的按钮，动画每次向前移动一个标记序列。

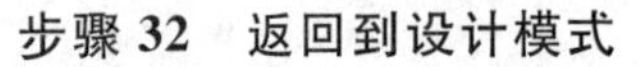

步骤 32　返回到设计模式

在状态栏中单击【设计模式】，用户可以继续修改动画。

9.7　动画显示协同角色

用户可以添加一个文本面板来注释动画。当添加一个协同角色时，两个关键帧被添加。其中一个关键帧被添加到时间轴当前位置，另一个关键帧位于时间轴当前位置前面一点。前面的关键帧只控制不透明度并控制协同角色的淡入。

步骤 33　创建文本面板

将时间栏移动到 1s 处，单击【作者】/【面板】/【2D 文本】。单击视口以放置 2D 面板。在面板中输入“附加活塞环”文本，并将文本【大小】属性设置为“20”，以增大字体的尺寸，如图 9-14 所示。

步骤 34　设置中性属性

选择【大小】属性，单击【设为中性属性】。如此设置，将使其大小在整个动画中始终为 20。若不设置中性属性，文本面板的大小只会在 1s 时为 20。

图 9-14　创建文本面板

步骤 35　更新文本面板

将时间栏移动到 3s 处，在文本面板中输入“连接连杆”作为内容。将时间栏移动到 8s 处，在文本面板中输入“安装轴承盖”作为内容。

步骤 36　播放动画

在状态栏中清除【设计模式】，单击【下一步】，从头开始逐步播放动画。注意文本面板大约在 0.7s 处开始出现。

步骤 37　保存文件

9.8　创建视图集合

集合可以帮助用户组织视图，以方便地管理视图，如图 9-15 所示。集合可以是空的，也可以包含项目。通过执行以下操作可以在【视图】选项卡中创建视图集合。

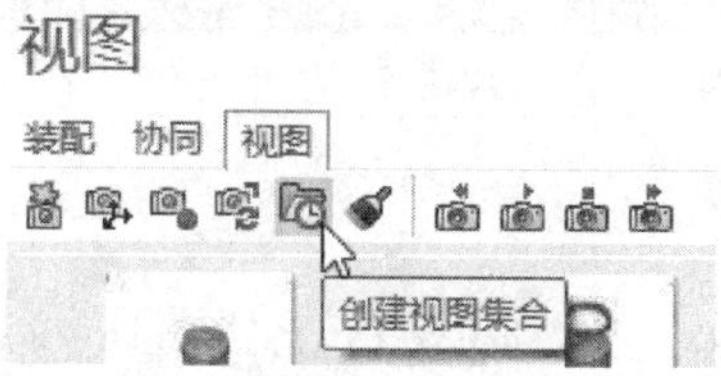

图 9-15　创建视图集合

- 在【视图】选项卡中单击【创建视图集合】。这将添加一个空集合，然后可以将视图拖入其中。
- 右键单击视图，然后从快捷菜单中选择【添加集合】。这将添加一个新的集合，其中包含用户选择的视图以及之后的所有视图。

集合的功能包括：将视图拖放到空集合中；拖动集合以重新排列它们的顺序；在同一集合内或跨集合拖动视图；添加集合；删除集合；重命名集合；激活或停用集合；删除集合视图。

步骤 38　创建视图集合

在左窗格的【视图】选项卡中单击【创建视图集合】。在【视图】选项卡的底部添加了空集合，将其命名为“Explode Animation”。

步骤 39　拖放视图

将除默认视图之外的所有视图拖入集合中。这些视图是按照它们被放入集合中的顺序排列的，最后被拖入的视图在列表的顶部。视图顺序并不影响时间轴中的动画。

步骤 40　重新排列视图

展开“Explode Animation”集合查看视图。使用拖动功能，以正确的顺序重新排列视图，如图 9-16 所示。用户可以按照自己的意愿组织视图顺序。

步骤 41　保存并关闭文件

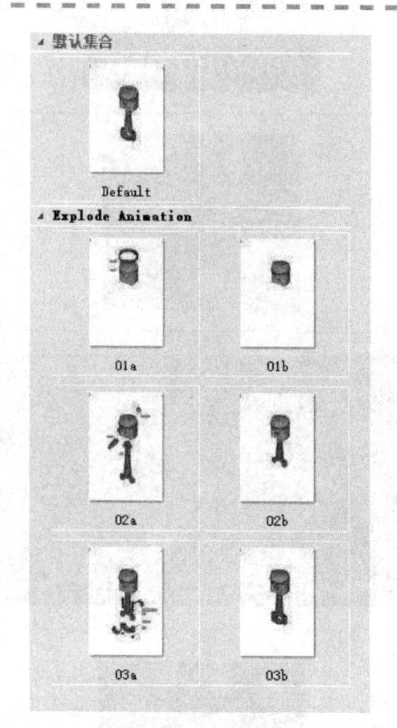

图 9-16　重新排列视图

练习 9-1　管理时间轴窗格

练习查看已有动画。当完成本练习时，用户将能够改变关键帧轨迹并使用过滤器识别关键帧。

本练习将应用以下技术：

- 时间轴窗格。
- 过滤器。

从 Lesson09\Exercises 文件夹下打开 Digital_Mockup. smg 文件。

填写下列事件发生的具体时间点，见表 9-5，第一行已经填写好。注意事件并不是按时间顺序排列的。

表 9-5　时间轴窗格

图　　示	事　　件	时间/s
	动画结束	44.6
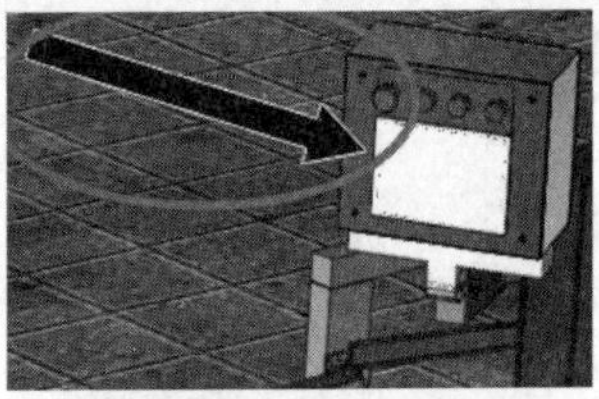	黑色箭头(Arrow 9)第一次出现	
	屏幕中第一次出现×(挑战题:当×出现在屏幕上时,识别改变的属性)	
	“Missing-part”标注(Text Circle1)完全消失的时刻	
	第一个面板(Panel_Left)通过传送或第一次暂停。用户可能需要取消勾选【照相机播放模式】复选框，放大装配体以更清楚地查看角色的运动	
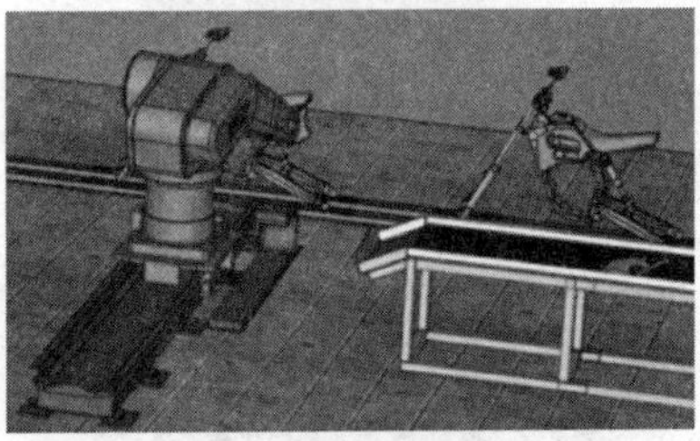	将照相机的方位调整到对准机器人手臂的地方	
	盒子装载“坏”的面板并开始移动	
	监视器上的绿色按钮第二次亮起(挑战题：当按钮亮起时，识别改变的属性)	

练习 9-2　解除爆炸序列动画

练习将视图拖入时间轴，并进行必要的修改。当完成本练习时，用户将改进动画以显示装配说明的正确顺序。

本练习将应用以下技术：

- 动画视图。
- 改进解除爆炸的顺序。
- Digger 关键帧。

从 Lesson09 \ Exercises 文件夹下打开 motor01. smg 文件。按照表 9-6 中的说明进行操作。

表 9-6　各步骤的操作内容

步骤	图　示	操作内容
1		• 将视图 Step10a 放置到 21s 处 • 将视图 Step10b 放置到 22s 处 • 从 21s 到 21. 5s 集合垫圈(washer) • 从 21. 5s 到 22s 集合火花塞(spark plug)
2		• 将视图 Step11a 放置到 23s 处 • 将视图 Step11b 放置到 25s 处 • 从 23s 到 23. 5s 集合底部垫片(bottom gasket) • 从 23. 5s 到 24s 集合底盖(bottom cover) • 从 24s 到 25s 集合底部螺栓(bottom bolt)
3		• 将视图 Step12a 放置到 26s 处 • 将视图 Step12b 放置到 28s 处 • 从 26s 到 26. 5s 集合侧垫片(side gasket) • 从 26. 5s 到 27s 集合侧盖(side cover) • 从 27s 到 27. 5s 集合侧螺栓(side bolt)
4		• 动画 Digger 以显示侧垫片(side gasket)和侧盖(side cover)的孔对齐 • 在 26s 处创建一个完整大小的 Digger,Digger 应保持该大小直到 27. 8s • 在 25. 8s 处创建一个小尺寸的 Digger 来模拟淡入效果 • 在 28s 处创建一个小尺寸的 Digger 来模拟淡出效果 • 在 28s 后的下一帧隐藏 Digger

练习 9-3　添加事件

练习添加事件来控制动画的重放，见表 9-7。

表 9-7　添加事件来控制动画的重放

步　骤	操作内容
1	在标记 Step10a 处，添加一个 2D 文本角色并输入“火花塞”，关联到播放下一个动画次序的事件，如图 9-17 所示
2	在标记 Step10b、Step11a、Step11b、Step12a 和 Step12b 处，修改按钮，按照正确的次序播放动画
3	在标记 Step11a 处，将按钮重命名为“底盖”。在标记 Step12b 处，将按钮重命名为“侧盖”
4	在 Step10a 的前一帧和 Step12b 的后一帧隐藏按钮

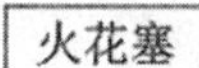

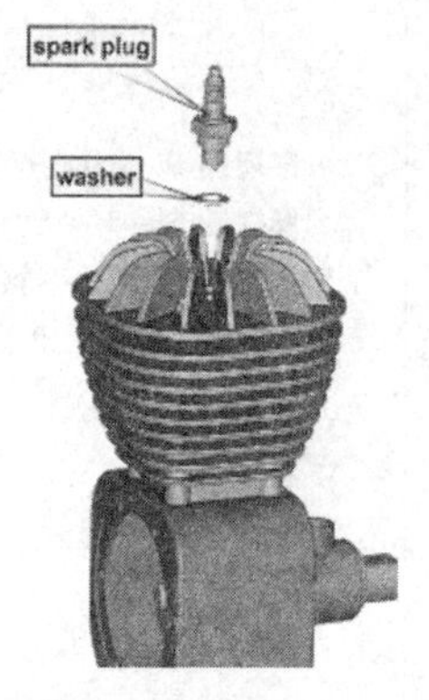

图 9-17　添加 2D 文本

本练习将应用以下技术：

- 事件。
- 动画显示协同角色。

只有当事件的【脉冲】属性改变时，动画才会停止。

从 Lesson09\Exercises 文件夹下打开 motor02. smg 文件。

提示

【“下一个”按钮】角色可以用来按顺序播放下一个动画，但是在本练习中使用了不同的方法，这是基于两个原因。一是有利于让用户添加事件到其他类型的角色中，二是让用户熟悉 playmarkersequence 事件类型。

第 10 章　创建排演动画

学习目标

- 创建照相机关键帧
- 捕捉到网格以控制角色的位置
- 发布 3D AVI 文件
- 在移动对象上添加照相机

扫码看视频

10.1　概述

在本章中，用户将创建一个排演动画，动画会围绕着秋千，爬上楼梯，穿过管道，滑下滑梯，如图 10-1 所示。要做到这一点，需要添加照相机关键帧并通过各种方式来控制动画。

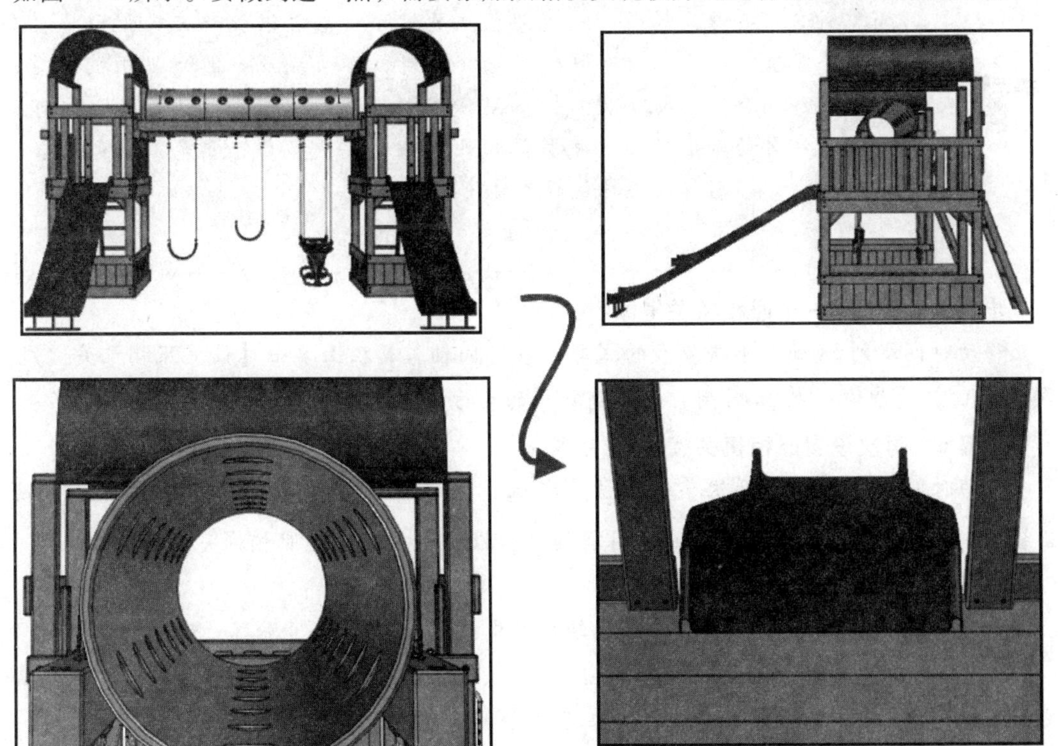

图 10-1　排演动画

10.2　照相机关键帧

用户可以设定照相机关键帧来控制装配体在动画中的方位和缩放比例。用户可以通过两种方法手动设置照相机关键帧：一种是将视图从【视图】选项卡中拖到时间轴，另一种是通过设置照相机位置和目标去创建。如果用户正在创建装配体的爆炸动画，最好在已生成爆炸序列并确认可以观察到所有角色的情况下添加照相机关键帧。

操作步骤

步骤 1　打开文件

从 Lesson10\Case Study 文件夹下打开 Swingset_Walkthrough. smg 文件。

步骤 2　播放动画

请确保视口左上角的图标处于【动画模式】。单击时间轴工具栏上的【播放】，观察动画。排演动画已经开始，但需要添加额外的照相机关键帧才能完成该动画。

步骤 3　重新定位装配体

移动时间栏到 0s 处。单击罗盘的 *Z* 轴，然后双击视口背景让装配体自适应，以缩放到合适大小。

步骤 4　设置照相机关键帧

在时间轴工具栏上单击【设置照相机关键帧】。在回放过程中，在 0s 时用户会看到秋千的前方。

提示：有一种自动关键帧模式可设置照相机关键帧，每次缩放和旋转模型将自动设置一个关键帧。例如，如果放大选择的对象，系统就会因为照相机视图的更改而添加一个照相机关键帧。如果使用自动关键帧模式，到最后用户可能会发现系统自动生成的照相机关键帧比预期的要更多。除非是很精通或者有很好的理由，否则建议用户最好不要使用此模式。

步骤 5　设置另一个照相机关键帧

移动时间栏到 2s 处。单击罗盘的 *X* 轴，在时间轴工具栏上单击【设置照相机关键帧】。在回放过程中，在 2s 时用户会看到秋千的右方。

步骤 6　再次设置照相机关键帧

移动时间栏到 4s 处。两次单击罗盘的 *Z* 轴，显示装配体的背面。再双击视口的背景让装配体自适应缩放到合适大小。在时间轴工具栏上单击【设置照相机关键帧】。

步骤 7　播放动画

确定【照相机播放模式】在时间轴窗格中被选中。从 0s 开始播放动画。

- 0~4s，观察者视角绕着秋千“行走”。
- 4~10s，观察者视角沿着楼梯往上“行走”。
- 10~16s，观察者视角从一个塔到另一个塔，用户必须改进这部分动画。
- 16~22s，观察者视角从滑梯下来然后观察整个秋千。

步骤 8　关闭照相机播放模式

关闭【照相机播放模式】，以便用户可以放大和旋转去做接下来的步骤。

步骤 9　保存文件

10.3　网格

用户可以添加网格来应用捕捉或曲线检测功能。用户可以在部件上或某个自定义位置添加网格。如果在部件上添加网格，需要指定角色。如果在某个自定义位置添加网格，需要指定顶点或轴来定义网格的位置。通过属性窗格，用户可以控制任何网格的位置和方向。如果用户想不受网格的约束而自由移动指针，可以通过状态栏上的【网格模式】进行切换。Swingset 底部的网格仅有图形化用途，它是整个地面效果的一部分。

步骤 10　创建网格

移动时间栏到 12s 处。单击【作者】/【工具】/【网格】/【在几何图形上创建网格】。选择“Tube”角色在零件上放置网格，如图 10-2 所示。

步骤 11　旋转和调整网格

选择网格，在属性窗格中的【旋转】/【绕 Y 轴】中输入“90”。拖动网格角落使其略大于装配体，如图 10-3 所示。

图 10-2　创建网格

图 10-3　旋转和调整网格

在本章接下来的部分，将通过设置照相机的位置和目标来添加照相机关键帧。通过单击网格设置照相机的位置和目标，确保照相机沿直线路径移动。

步骤 12　添加照相机关键帧

保持时间栏在 12s 处。单击【动画】/【路径】/【创建照相机关键帧】。在网格上 $X=2500$ 和 $Y=0$ 位置单击以设置照相机位置。用户可能需要放大以捕捉网格位置，此时可以按住〈Tab〉键临时隐藏几何体。在网格上 $X=-3000$ 和 $Y=0$ 位置单击以设置照相机目标。

步骤 13　添加另一个照相机关键帧

移动时间栏到 14s 处。在网格上 $X=-2000$ 和 $Y=0$ 位置单击以设置照相机位置。在网格上 $X=-3000$ 和 $Y=0$ 位置单击以设置照相机目标。按〈Esc〉键关闭工具。

步骤 14　隐藏网格

选择网格并按〈H〉键隐藏角色。

步骤 15　播放动画

打开【照相机播放模式】，从 0s 开始播放动画。注意，现在从 10~16s，观察者视角穿越管道“行走”。

技巧

用户可以更改照相机的路径。在【协同】选项卡中选择【照相机】，在属性窗格中修改【导航球】和【路径】属性。用户所做的任何改动都会影响从 0s 到结束的整个动画。

现在可以发布一个 AVI 文件，并通过用户计算机上的默认媒体播放器查看视频。系统创建的是一个整屏 AVI 文件，AVI 的尺寸并不局限于纸张空间的大小。

步骤 16　创建 3D 输出

在状态栏清除【显示/隐藏纸张】。单击【工作间】/【发布】/【视频】。在本章中，保持所有默认设置。请注意，用户可以更改分辨率、时间范围或应用抗锯齿效果。

单击【将视频另存为】，选择【AVI】作为【保存类型】。输入“Walkthrough”作为【文件名】并单击【保存】。

在【视频压缩】对话框中，选择一种压缩格式或【全帧（非压缩的）】格式，单击【确定】。“Microsoft Video 1”格式的压缩适用于大多数计算机。

系统创建 AVI 文件并在用户计算机的默认媒体播放器中打开播放。

步骤 17　保存并关闭文件

10.4　其他照相机功能

SOLIDWORKS Composer 可以让用户创建多个照相机角色。通过在视口中更改照相机属性，便可以在动画的不同时刻切换至不同的照相机。如果用户有多个视口窗格，则每个窗格都可以包含一个不同的激活的照相机。

此外，用户还可以将照相机和它们的目标点连接到角色上。创建附着物可以让照相机随着它们连接的角色移动或跟踪运动轨迹。例如，用户可以创建一个动画，跟随过山车的小车移动，或置身于运动小车的座位绕轨道运动。预定义的连接模式见表 10-1。

表 10-1　预定义的连接模式

模　式	表　现
飞行模式	将照相机目标连接到所选角色上，照相机在一个恒定的距离上跟随连接的角色
目标模式	将照相机目标连接到所选角色上，照相机保持静止，但会跟踪连接角色的运动
移动模式	将照相机中心和目标连接到所选角色上，照相机按照锁步方式随着连接的角色运动

提示

使用这三种模式的任意一种，都将清除当前视口照相机的所有动画帧，并设置适当的照相机属性。因此最好的做法是创建一个新的照相机，然后将此照相机连接到移动的物体上。

在下面的步骤中，将以另一种方法创建秋千装置的排演动画，即移动一个简单的方块穿过秋千装置。用户可以使用照相机连接模式的其中一种，跟随方块的运动。

操作步骤

步骤 1　打开文件

打开 Lesson10\Case Study 文件夹中的文件 Swingset_Walkthrough2. smg。

步骤 2　观看方块运动

关闭【照相机播放模式】。在【装配】选项卡中选择“Primitive1”。从头开始播放动画。

注意观察方块是如何从 6s 左右开始运动的。方块升到楼梯上方，穿过管道，然后落到滑梯上。下面连接照相机到这个移动的方块上，以创建这个排演动画。

步骤 3　定位照相机

打开【照相机播放模式】。将时间栏移动到 6s 之前的帧。这里有一个照相机关键帧，它可以直接看到开始运动之前的方块，如图 10-4 所示。

图 10-4　定位照相机

步骤 4　创建照相机

移动时间栏到 6s 处。单击【主页】/【切换】/【连接照相机】/【添加照相机】。在属性窗格的【名称】属性中输入“MoveWith”，以重新命名该照相机。

步骤 5　对齐照相机到视口

单击视口并选中它。在属性窗格中为照相机的【名称】属性选择“MoveWith”，自动关键帧将记录这个视口的属性改变。从 6s 开始，该动画将使用 MoveWith 照相机。

注意确保初始设置的照相机方位是用户想要的。新的照相机角色都是建立在当前视口的照相机位置。

步骤 6　连接照相机

选择方块。单击【主页】/【切换】/【连接照相机】/【移动模式（刚性连接）】。

步骤 7　播放动画

从头开始播放动画。当物体在整个动画中移动时，照相机保持附着在方块上。注意到照相机位置和它的目标相对于方块而言没有改变，因为用户选择的是“移动”的连接模式。18s 之前的动画已设置好。从 18~20s，照相机显示的是滑梯下面。为了修复该错误，将在 18~20s 间隔内移动并旋转方块。因为照相机附着在方块上，这里并不需要设置新的照相机关键帧来更改动画。

步骤 8　平移方块

关闭【照相机播放模式】。将时间栏移至 18s 处。单击【变换】/【移动】/【平移】。单击三重轴的绿色箭头，在属性窗格中输入“-125”，并按〈Enter〉键，如图 10-5 所示。

步骤 9　旋转方块

单击【变换】/【移动】/【旋转】。单击图 10-6 所示圆弧，在属性窗格中输入“25°”，并按〈Enter〉键。

图 10-5　平移方块

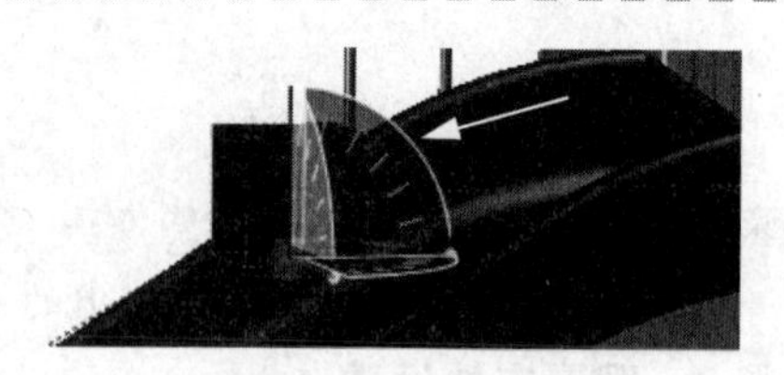
图 10-6　旋转方块

步骤 10　再次旋转方块

将时间栏移至 20s 处。方块在滑梯底部，和前面步骤一样旋转方块 25°。这里想使用方块来驱动照相机的运动，但是并不希望看到一个蓝色的方块穿过秋千，因此用户必须隐藏这个方块。

步骤 11　隐藏方块

将时间栏移至 0s 处。选择方块并在属性窗格下的【不透明性】中输入“1”。

步骤 12　播放动画

打开【照相机播放模式】，从头开始播放动画。

步骤 13　保存并关闭文件

练习 10-1　照相机关键帧 1

练习提高制作动画的水平。当完成本练习时，将能够在动画中操作照相机视图的方位。

本练习将应用以下技术：

- 一般过程。
- 照相机关键帧。

从 Lesson10\Exercises 文件夹下打开 jig saw. smg 文件。请按照表 10-2 中的照相机关键帧完成本练习。

提示

- 在开始时间之前，不允许照相机视图改变方位。
- “作用”列中的图像显示了模型在结束时的状态。

表 10-2　照相机关键帧

步　骤	开始时间/s	结束时间/s	作　用
1	0	2	保持初始方位
2	2	3	旋转到这个方位

（续）

步　骤	开始时间/s	结束时间/s	作　用
3	7	8	旋转并缩放到这个方位
4	13	18	旋转并缩放到初始方位

练习 10-2　照相机关键帧 2

练习添加照相机关键帧提高动画的制作水平。这是前一章使用的大部分照相机视图被删除的传送带动画，如图 10-7 所示。

本练习将应用以下技术：

- 照相机关键帧。
- 网格。
- 其他照相机功能。

从 Lesson10\Exercises 文件夹下打开 Digital_Mockup. smg 文件。

图 10-7　传送带动画

在动画过程中添加照相机关键帧放大感兴趣的部分。确保包括以下内容：

- 人体模特检查护板的特写镜头。
- 人体模特移动坏护板的特写镜头。
- 沿着传送带从人体模特到机器的行走过渡。尝试将照相机连接到沿着传送带移动的某一块护板上来完成此任务。用户可以使用多个照相机来简化此任务。
- 机器组装护板的特写镜头。

添加任何其他的照相机关键帧来提高观众对于动画的理解。

第 11 章　为动画添加特殊效果

学习目标

- 创建动画显示角色的爆炸和解除爆炸
- 使用动画库工作间添加特殊效果
- 使用装配选择模式为子装配体制作动画

扫码看视频

11.1　概述

在本章中，用户将创建爆炸和解除爆炸序列，并使用时间轴工具栏和动画库工作间的特效增强动画效果，如图 11-1 所示。

11.2　动画库工作间

动画库工作间可以让用户使用预定义的通用动画库快速创建简单的动画。在动画库中创建的动画可以在时间轴上捕捉。该库包含突出显示和移动角色的动画。

图 11-1　为动画添加特殊效果

11.3　动画特殊效果

在时间轴工具栏中有几种特殊效果可用。这些特殊效果可以让用户快速隐藏、显示或突出显示角色。这些效果包括：

- 淡出：添加 2 个关键帧。一个关键帧出现在时间栏位置之前约 0.3s 处，并保持当前的不透明度。另一个关键帧出现在时间栏处，并将不透明度设置为 0。
- 淡入：添加 2 个关键帧。一个关键帧出现在时间栏位置之前约 0.3s 处，并保持当前的不透明度。另一个关键帧出现在时间栏处，并将不透明度设置为 100%。
- 热点：添加 3 个关键帧。第一个关键帧出现在时间栏位置之前约 0.2s 处，第二个关键帧出现在时间栏位置之后约 0.2s 处。这两个关键帧保持当前的发射属性。第三个关键帧出现在时间栏处，并使发射属性达到 100%。
- 恢复关键帧的初始属性：显示所有几何角色，这些角色将恢复其初始属性与初始位置，也就是 0s 时的状态。

操作步骤

步骤 1　打开文件

从 Lesson11 \ Case Study 文件夹下打开 Cutter. smg 文件。除了一对照相机关键帧外，关键帧轨迹是空的。

步骤 2　设置动画库

单击【工作间】/【发布】/【动画库】。在工作间中，按如下设置：

- 将【组】设置为【Motion】。
- 将【动画】设置为【unscrew】。
- 在【ROTATE】中单击【轴】按钮，按住〈Alt〉键并选择图 11-2 所示的圆柱面。
- 为【TRANSLATE】中的【轴】按钮重复以上操作。
- 在【ROTATE】中的【角度】内输入-360，以反转旋转方向。
- 在【TRANSLATE】中【轴（X，Y，Z）】的 *Y* 轴内输入 1，以反转平移方向。

设置完毕后，如图 11-3 所示。

图 11-2　选择圆柱面

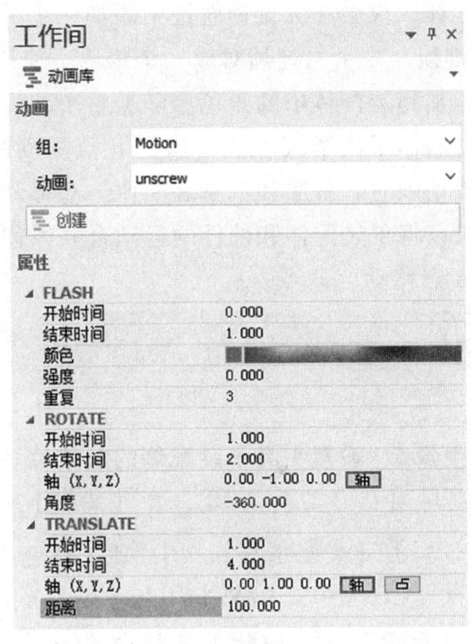

图 11-3　设置动画库

步骤 3　拆卸螺钉

将时间栏移动到 1s 处，选择用于固定夹具的 4 个平底十字头螺钉，在工作间中单击【创建】。该操作创建了一个动画序列，使螺钉在 1s 内闪烁 3 次，然后旋转螺钉 1s，并平移 3s。螺钉同时旋转和平移，结果如图 11-4 所示。

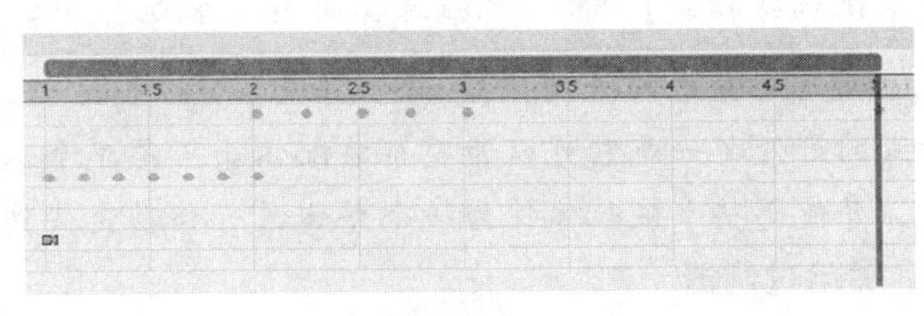

图 11-4　拆卸螺钉

步骤 4　隐藏螺钉

将时间栏移动到 6s 处，选择 4 个平底十字头螺钉，在时间轴工具栏上单击【效果】/【淡出】。

11.4　动画中的装配选择模式

在第 6 章中介绍了装配选择模式，其在选择物料清单的子装配体时非常有用。本节将学习在动画中使用装配选择模式。

动画中的装配选择模式有以下优点：

- 添加较少的关键帧到关键帧轨迹中。例如，用户在装配选择模式下变换一个包含 10 个角色的装配体，仅会在关键帧轨迹中添加一个关键帧。若在零件模式下，将会在关键帧轨迹中添加 10 个关键帧，一个关键帧对应一个角色。使用较少的关键帧可以提高性能和便于编辑。
- 添加到装配体中的角色会随着整个装配体的动画一起移动。例如，使用装配选择模式选择汽车，并制作了汽车从 A 点移动到 B 点的动画，然后在汽车装配体上添加备胎零件等物品。当用户播放动画时，备胎和汽车装配体一起移动，用户不需要为备胎添加任何附加的关键帧。
- 可以将子装配体和部件的运动合并以创建复合运动。例如，当螺栓转动时，子装配体组件可以从 A 点移动到 B 点。

技巧　由于动画库工作间的存在，最后一项优势（创建复合运动）并不经常需要。

步骤 5　设置夹具子装配体的起始位置

将时间栏移动到 7s 处，在【装配】选项卡的顶部单击【装配选择模式】。选择夹具子装配体（CLAMP SUBASSY）中的任一角色，如图 11-5 所示。在时间轴工具栏中单击【设置位置关键帧】，这会在 7s 处记录装配体的当前位置。

图 11-5　选择夹具子装配体

步骤 6　设置夹具子装配体的最终位置

确保夹具子装配体仍处于选中状态，将时间栏移动到 8s 处。单击【变换】/【移动】/【平移】，向上拖动子装配体。

步骤 7　检查子装配体的关键帧

关闭【装配选择模式】，单独选择夹具子装配体中的任一角色，在时间轴工具栏中单击【仅显示选定角色的关键帧】。注意在 7s 或 8s 处，没有该角色的位置关键帧。装配选择模式的好处之一是它可以为整个装配体而不是单个零件设置关键帧。这减少了关键帧的数量，并使得整个装配体作为一个整体进行移动变得更加容易。

步骤 8　关闭过滤器

关闭【仅显示选定角色的关键帧】。

步骤 9　复制选定的关键帧

从 5.5~8s 在关键帧附近拖出一个窗口，按住〈Ctrl〉键并拖动黑条，将这些关键帧复制到 9s 处。

步骤 10　反转和缩放选定的关键帧

保持复制的关键帧仍处于选中状态，右键单击选择区域并选择【反转时间选择】。如有必要，移动黑条将反转序列的第一个关键帧放置到 9s 处。从 5.5s 开始播放动画，观看螺钉消失、子装配体的爆炸和解除爆炸，以及螺钉的重新出现动画。

步骤 11　设置螺钉动画

单击【工作间】/【发布】/【动画库】。在工作间中，按如下设置：

- 将【组】设置为【Motion】。
- 将【动画】设置为【Screw】。
- 在【FLASH】中设置【结束时间】为 0，此处无须使螺钉闪烁。
- 在【TRANSLATE】中设置【开始时间】为 0，此处无须延迟动作。
- 在【ROTATE】中单击【轴】按钮，按住〈Alt〉键并选择其中一个螺钉的圆柱面。
- 为【TRANSLATE】中的【轴】按钮重复以上操作。
- 在【ROTATE】中的【角度】内输入 360，以反转旋转方向。

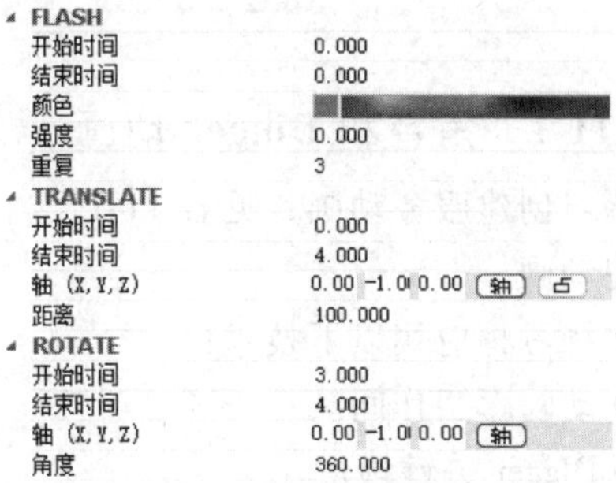

设置完毕后，如图 11-6 所示。

FLASH	
开始时间	0.000
结束时间	0.000
颜色	
强度	0.000
重复	3
TRANSLATE	
开始时间	0.000
结束时间	4.000
轴 (X, Y, Z)	0.00 -1.00 0.00 轴 凸
距离	100.000
ROTATE	
开始时间	3.000
结束时间	4.000
轴 (X, Y, Z)	0.00 -1.00 0.00 轴
角度	360.000

图 11-6　设置螺钉动画

步骤 12　放回螺钉

将时间栏移动到 12s 处，选择用于固定夹具的 4 个平底十字头螺钉，在工作间中单击【创建】。

步骤 13　将动画库转化为步骤

选择在步骤 12 中创建的 Screw 动画库组件，右键单击组件并选择【转化】/【转化已选进程】，如图 11-7 所示。动画库组件转化为可以编辑的时间步骤。

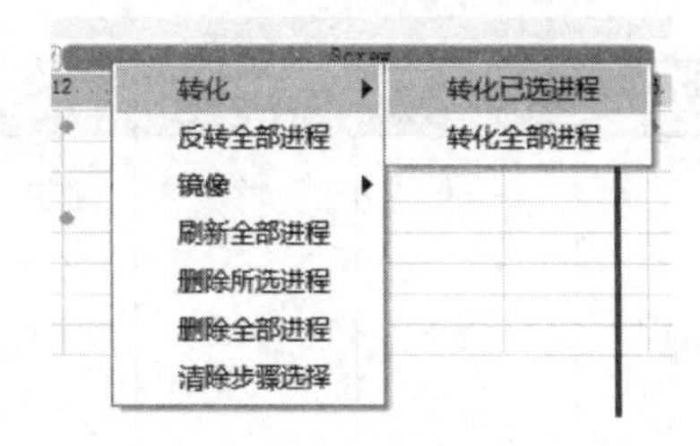

图 11-7　将动画库转化为步骤

11.5　场景

场景可以将完整的或者部分的动画另存为 .smgSce 格式的独立文件。场景文件是一种可以用任何文本编辑器编辑的 XML 文件。完整动画指的是在时间轴上全部的关键帧。部分动画指的是选中角色的一组关键帧。

为了使场景生效，名为 NetGUID 的角色识别号必须匹配。例如，Mount_bracket 的 NetGUID 是 ACLAMP SUBASSY. PMount_bracket，A 代表装配体，P 代表零件。要查看角色的 NetGUID，单击【文件】/【首选项】/【高级设置】，在【调试信息】中勾选【ShowDebugPropertiesInPropertiesPane】的【启用】复选框。

提示　为了使用部分场景，用户必须打开一个产品（.smgXml）或项目（.smgProj），不能对一个打开的 .smg 文件应用部分场景。

下面将保存当前动画为一个场景，并加载一个简单的使用不同照相机视图的动画。

步骤 14　保存动画

单击【动画】/【场景】/【保存根场景】，输入“ExplodeCollapse”作为文件名并保存。

步骤 15　加载新的动画

单击【动画】/【场景】/【加载根场景】，从 Lesson11\Case Study 文件夹下打开 Camera. smgsce 文件。以这种方式加载一个新的场景，用加载场景中的关键帧替换现有的关键帧。

步骤 16　播放动画

从头开始播放动画。照相机在整个动画中变化，没有角色的爆炸、解除爆炸或隐藏。

步骤 17　保存并关闭文件

练习 11-1　角色和 Digger 动画

练习创建服务动画，见表 11-1。当完成本练习时，将学会通过改变角色的位置和使用 Digger 来创建动画。

本练习将应用以下技术：

- 动画库工作间。
- Digger 关键帧。
- 动画特殊效果。
- 动画中的装配选择模式。

从 Lesson11\Exercises 文件夹下打开 seascooter. smg 文件。

表 11-1　创建服务动画

步骤	开始时间/s	结束时间/s	动　　作
1	1	2	打开一个卡扣(latch) 技巧:对卡扣使用装配选择模式。因为用户希望移动此装配体,而不是单独的角色 1s时的状态　2s时的状态
2	3	4	旋转装配体,并打开另一侧的卡扣 3s时的状态　4s时的状态

（续）

步骤	开始时间/s	结束时间/s	动　作
3	5	10	旋转并使用动画库工作间中的特殊效果隐藏鼻翼(nose) 技巧:确保正确设置坐标轴(X,Y,Z),以使鼻翼远离装配体的其余部分。用户可能需要反复试验和撤销,才能正确地设置坐标轴 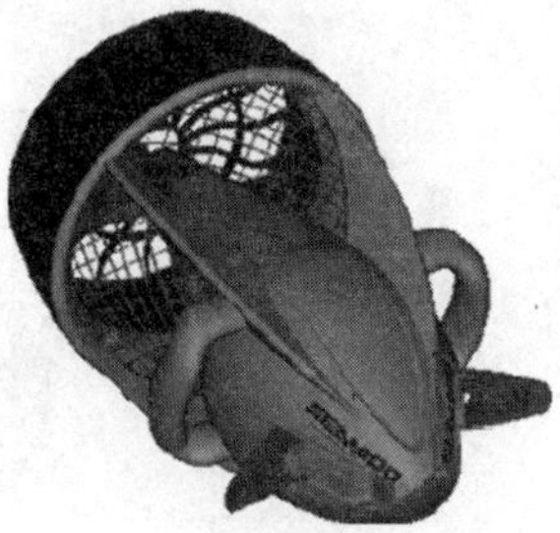 5s时的状态 　10s时的状态(此时鼻翼隐藏)
4	11	12	移动电池  11s时的状态 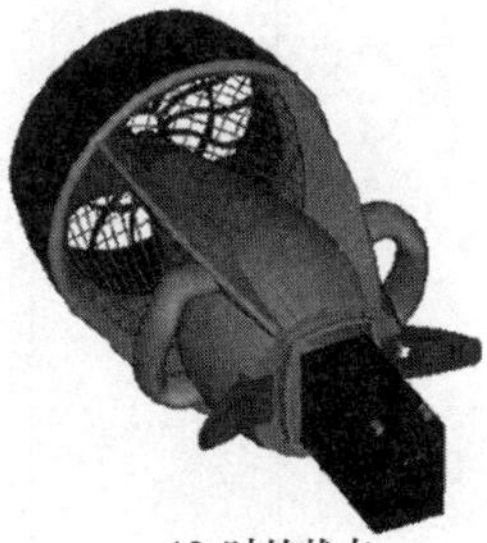　12s时的状态
5	13		对于步骤 5~步骤 10,在"开始时间"列中指定的时间处添加 Digger 关键帧以控制 Digger 的外观 Digger 很小,指向左侧的接线端 
6	13.5		Digger 变大,指向左侧的接线端 

（续）

步骤	开始时间/s	结束时间/s	动　作
7	14		不更改 Digger，保持当前的外观
8	15		Digger 保持相同的大小，此时指向右侧的接线端 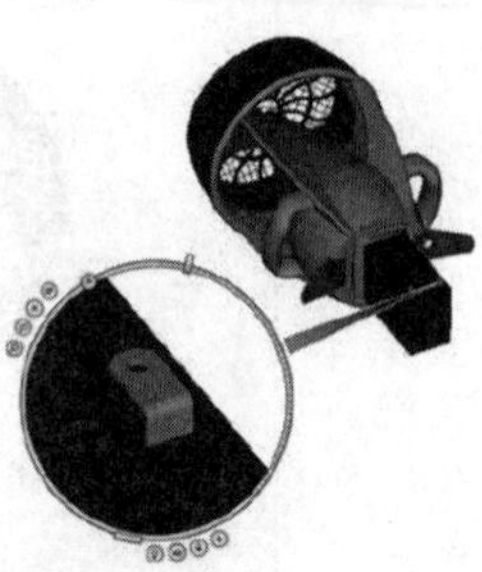
9	15.5		Digger 变小，指向右侧的接线端 
10	16		Digger 消失
11	17	24	将所有部件复位到一起 • 确保所有部件按顺序移动：电池、鼻翼、左卡扣和右卡扣 • 使用淡入效果来显示鼻翼 • 复制、粘贴和反转打开卡扣的关键帧，可以轻松实现关闭卡扣

练习 11-2　使用动画库工作间

练习创建爆炸和解除爆炸动画。使用动画库工作间移除并连接将组件固定到框架上的螺栓。

本练习将应用以下技术：

- 动画库工作间。
- 在关键帧轨迹中选择。

从 Lesson11 \ Exercises 文件夹下打开 Overturning Mechanism. smg 文件，如图 11-8 所示。

图 11-8　打开文件

操作步骤

步骤 1　查看视图

激活“Exploded”视图。当角色在动画中完全爆炸时，装配体如图 11-9 所示。

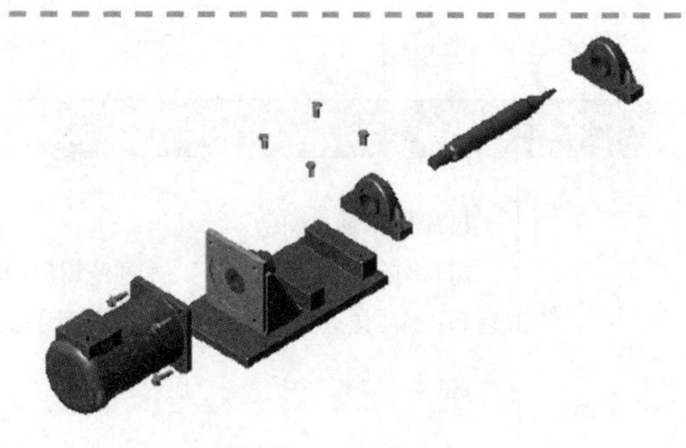

图 11-9　查看视图

步骤 2　创建动画

按照表 11-2 的步骤，为装配体设置动画。

表 11-2　动画步骤

时间/s	动　　作
1~5	拆卸左侧的 4 个机械螺栓 使用动画库工作间，确保设置正确的旋转轴和平移轴。请务必设置平移距离，以便机械螺栓离安装支架足够远 
6~7	平移电机 
8~12	拆卸右侧的 4 个六角螺栓 和之前操作一样，确保设置了正确的坐标轴（旋转和平移）和平移距离 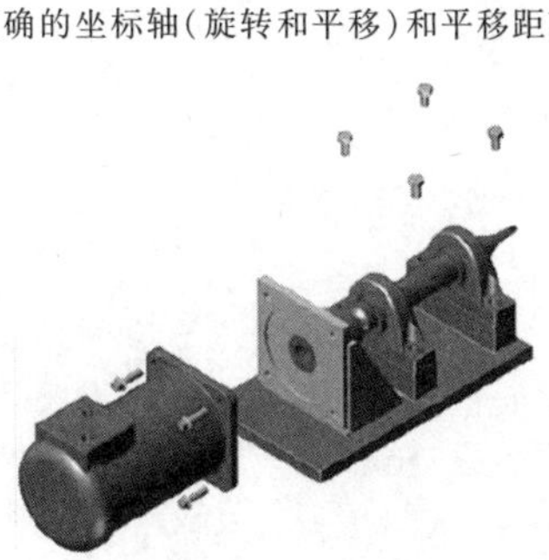

（续）

时间/s	动　作
13~15	爆炸两个轴承和轴 用户可以一次爆炸一个。或者使用【变换】/【爆炸】/【线性】/【零件线性】，先选择想要爆炸的所有角色和一个“锚点”，然后单击【零件线性】爆炸角色
16~30	使用到目前为止学到的工具按顺序集合所有角色： • 复制、粘贴和反转关键帧，以创建集合顺序 • 使用动画库工作间中的【Motion】组和【Screw】动画，重新安装六角螺栓和机械螺栓

第 12 章　更新 SOLIDWORKS Composer 文件

学习目标

- 使用在原始 CAD 系统中的更改来更新 SOLIDWORKS Composer 文件
- 用一个几何角色替换另一个几何角色

扫码看视频

12.1　概述

本章将使用在 CAD 系统中的更改来更新整个 SOLIDWORKS Composer 的装配体和几何角色，然后将这些更改应用到多个视图，如图 12-1 所示。

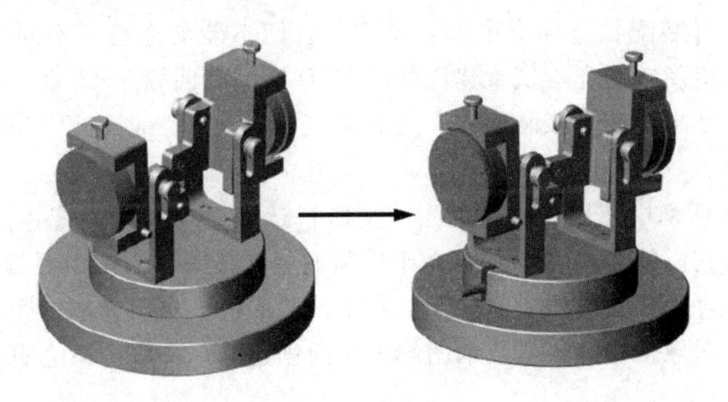

图 12-1　应用更改

12.2　更新整个装配体

SOLIDWORKS Composer 可以让用户将 CAD 中所做的更改融入当前的工作中。当用户使用 SOLIDWORKS Composer 创建相关内容时，可以非常容易地从新建的 3D 文件中更新角色的几何图形，并且在修改装配体时，能够添加或删除角色。此外，用户还能更新变换到元属性、装配结构树，或相对其他角色的角色位置。

SOLIDWORKS Composer 进行更新时赋予用户所有的控制功能，同时对更新的 3D 文件（SOLIDWORKS Composer 原始文件、SOLIDWORKS 装配体或其他支持的 3D 文件类型）仅要求具有只读属性。

1. 更新功能是如何工作的

当打开 CAD 文件时，SOLIDWORKS Composer 会为角色和 CAD 文件中的组件创建被称为 Net-GUID 的标识符。零件、子装配体和实体的名称可以决定这些标识符。假设有一个汽车装配体

（Car）带有仪表板子装配体（Dashboard）和转向盘组件（Steering Wheel），该零件的标识符可能是 ACar. ADashboard-1. PSteering_Wheel-1。现在假设转向盘是一个包含轮辋（rim）、轮辐（spokes）和轮毂（hub）的多实体零件。如果导入文件到 SOLIDWORKS Composer 时没有勾选【将文件合并到零件角色】复选框，则该部分的标识符可能是 ACar. ADashboard-1. ASteering_Wheel-1. PRim。多实体零件会被当作装配体生成 NetGUID。

当用户将一个装配体更新到下一个装配体时，每一个部分的 NetGUID 都必须与 SOLIDWORKS Composer 匹配才能将该部分视为已更改。如果 SOLIDWORKS Composer 在更新的装配体中存在一个新的 NetGUID，那么它将会被识别为一个新的零件。如果 SOLIDWORKS Composer 在更新的装配体中找不到与已有 NetGUID 匹配的 NetGUID，那么程序就会从装配体删除零件。

2. 更新功能的警告

当用户刚开始使用更新功能时，一致的文件名和 CAD 结构是非常重要的。此外还有以下事情要考虑，以使更新过程顺利。

- 在 SOLIDWORKS Composer 中打开 CAD 文件时，原始和更新的装配体要使用相同的导入设置。例如，如果为原始装配体勾选了【将文件合并到零件角色】复选框，而不为更新的装配体勾选，那么就会因为 NetGUID 不同而使更新过程失败。除非用户有其他原因，否则请将【打开】对话框中的导入配置文件每次都设置为【SOLIDWORKS（默认）】。
- 不能改变原始 CAD 文件（装配体、子装配体和零件）的名称。如果用户不勾选【将文件合并到零件角色】复选框，那么在多实体零件中的实体名称也不能改变。
- 角色不可以在【装配】选项卡中重新排列。它们不能被拖动到不同的子装配体，也不能插入到新的装配组。更新功能会尝试重建原始的 CAD 结构。回顾第 11 章，用户创建了一个装配体来实现组合运动，如果更新了该装配体，更新功能将尝试重新创建原有的 CAD 结构，从而打破组合运动动画。
- 在【打开】对话框中使用【合并到当前文档】选项，合并到装配体的角色会在更新过程中被移除。这是因为它们的 NetGUID 不存在于更新的装配体中，被视为要删除的零件。回顾第 5 章，用户将挡圈工具合并到装配体中，如果更新了该装配体，更新功能将删除挡圈工具。
- 通过高分辨率图像工作间或者技术图解工作间创建的局部视图不会更新。用户必须手动更新局部视图中的内容。

本章将使用 CAD 文件中的更改来更新夹具。

操作步骤

步骤 1　打开文件

从 Lesson12\Case Study 文件夹下打开 Holder_Start. smg 文件，如图 12-2 所示。

注意以下内容：

- 有 4 个视图和 1 个动画。动画爆炸了基板和镜片。
- 底部的圆形板上没有任何缺口。
- 基板的颜色是橙色。

步骤 2　打开另一个文件

从 Lesson12\Case Study 文件夹下打开 Holder_End. smg 文件，如图 12-3 所示。

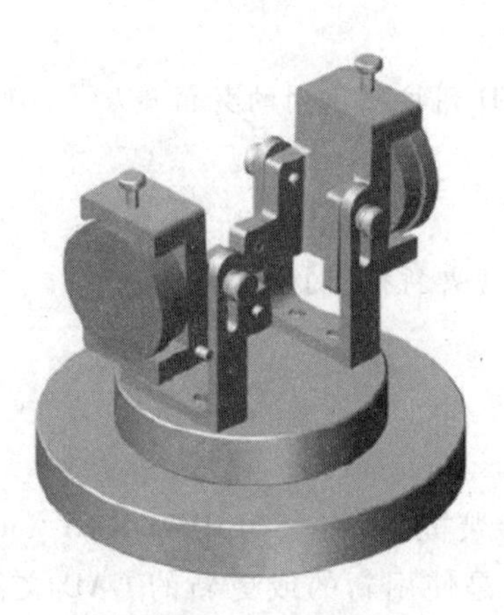
图 12-2 打开文件

图 12-3 打开另一个文件

注意以下内容：

- 底部的圆形板上有一个槽口和一个孔。
- 销钉(bent pin)已插入孔中以防止圆形板旋转。
- 基板的颜色是紫色。

步骤 3 更新装配体

确保 Holder_Start. smg 文档已经被激活。单击【文件】/【更新】/【SOLIDWORKS Composer 文档】，选择 Holder_End. smg 并单击【更新】。

提示：因为是通过 . smg 文件更新的，所以在选择更新文件对话框中并没有修改任何导入或细化设置。如果用户使用 SOLIDWORKS 装配体作为更新文件，那么就必须确保选择合适的导入设置。

步骤 4 查看更新的装配体

双击每一个视图并播放动画。

注意以下内容：

- 所有视图中的基板都是紫色的，角色的属性已经更新。
- 所有视图中的圆形板上都有槽口和孔。
- 销钉角色在 4 个视图中的 3 个中出现。该销钉在爆炸视图中不可见，这是由【默认文档属性】对话框中【更新】选项卡上的【定义角色在视图中的可视性，依据】选项决定的。
- “BOM1”视图中的 BOM 上并没有列出新的角色。这是因为新的角色并没有 BOM ID。

接下来，将使用销钉来更新 BOM。

步骤 5 查看 BOM

激活“BOM1”视图，注意 BOM 没有列出新零件。

步骤 6 为销钉添加 BOM ID

选择销钉，在 BOM ID 属性中输入“14”后按〈Enter〉键。在表格的顶部添加了一个新行，这是由于 BOM 采用了按照描述进行排序。

步骤 7　通过 BOM ID 为 BOM 排序

在左窗格的【BOM】选项卡中，单击 BOM ID 列按照该列的数值排序。此时销钉显示在表格的底部。

步骤 8　更新视图

在【视图】选项卡中选择“BOM1”并单击【更新视图】。

12.3　更改角色的几何形状

到目前为止，用户都是使用一步操作更新整个装配体的。SOLIDWORKS Composer 可以通过两种方法来更新选定角色的几何形状。一种方法是使用新的或更新的 CAD 文件改变几何形状，添加新角色，并删除老角色。此方法不能更新元属性或改变一个角色相对于另一个角色的位置。例如，如果增加一个桌腿的长度，桌顶的高度是不会增加的。使用此方法应先选择要被更新的角色，单击【几何图形】/【几何图形】/【更新】，然后选择更新文件。另一种方法是用一个装配体角色的几何形状替换另一个装配体角色的几何形状。这仅是交换了几何形状而不是属性。使用此方法应先选择要被替换的角色，单击【几何图形】/【几何图形】/【替换】，然后选择替换角色。

下面将使用一个更新的 CAD 文件来更新镜头支架的其中一个支架的几何形状。

步骤 9　更新几何图形

选择一个“MD-9006”角色。单击【几何图形】/【几何图形】/【更新】，从 Lesson12\Case Study 文件夹下找到 Support_Updated.smg 文件并单击【更新】。

当提示“两个角色名称不同，想要更新几何图形吗?”时，单击【是】。

两个“MD-9006”角色均被槽口更长的几何图形更新了，如图 12-4 所示。由于是复制关系，更新一个实例时，两个实例都会发生更新。

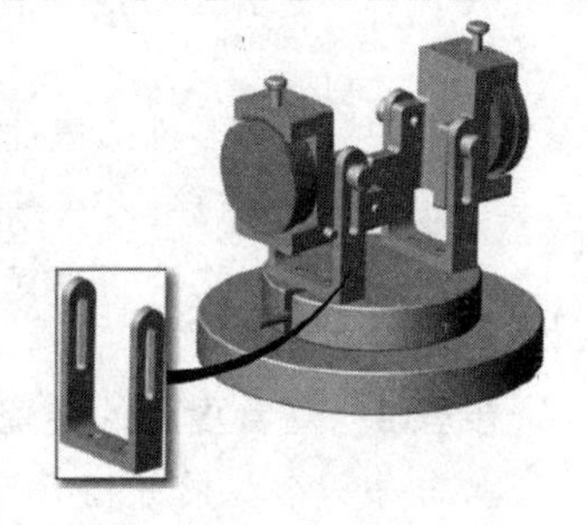

图 12-4　更新几何图形

步骤 10　查看视图

激活“Default”或“Cover”视图。注意到新的几何体出现在所有视图中。

步骤 11　重绘视图

在【视图】选项卡顶部单击【重新绘制所有视图】。

步骤 12　保存并关闭文件

练习　从 CAD 文件更新装配体

练习更新装配体，如图 12-5 所示。当完成本练习时，将学会查看动画和视图，并在必要时进行更新。

本练习将应用以下技术：

- 更新整个装配体。

操作步骤

步骤 1 打开文件

从 Lesson12\Exercises 文件夹下打开 fireplace_poker. smg 文件。

步骤 2 查看装配体

显示视图，并播放 fireplace_poker. smg 文件中的动画。

步骤 3 更新装配体

使用 fireplace_shovel. smg 文件更新装配体。注意以下几点：

- “Shovel-1” 替代 “Poker-1”。
- “Brass-Rod-1” 变得更短。
- 许多角色变为灰色，而不是之前的淡黄色。“Marble Handle-1” 变为黑色，而不是之前的灰色。

步骤 4 查看动画

步骤 5 查看并更新视图

更新 “Default” 和 “Exploded” 视图，以显示 “Shovel-1”。指定 “Shovel-1” 的 BOM ID 为 6，并在爆炸视图中添加编号，如图 12-6 所示。

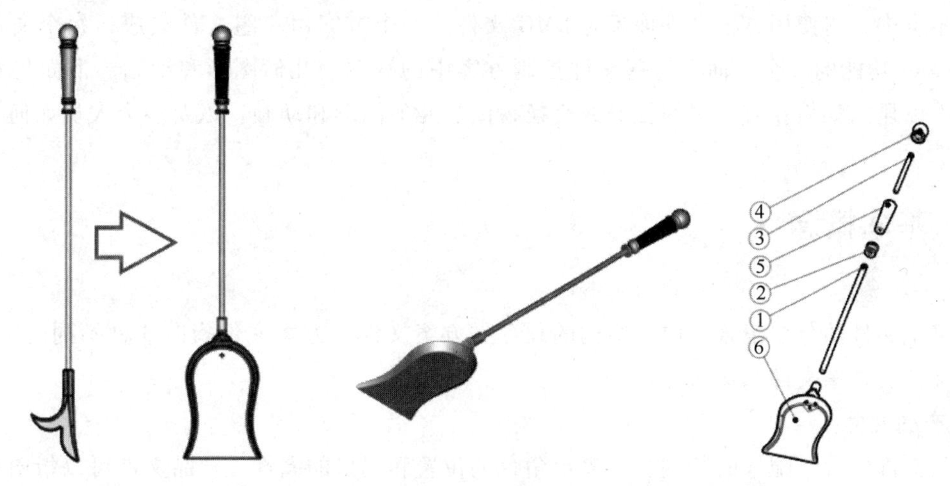

图 12-5 从 CAD 文件更新 图 12-6 查看并更新视图

第 13 章　使 用 方 案

学习目标

- 从 SMG 文件导出产品文件
- 创建方案文件
- 导入和导出视图文件
- 导入和导出场景文件
- 在项目内交换方案文件

扫码看视频

13.1　概述

在本章中，将使用方案文件而不是 SMG 文件。一个方案由一组文件组成，每个文件控制整个 Composer 功能的一个方面。这些文件控制方案中的视图、几何图形和动画。下面将对方案进行测试，以显示如何在方案之间控制或交换视图、几何图形和动画，以及多个人员如何一次处理一个方案。

13.2　基本概念

1. 方案

方案是文件的分层集合。层次结构的顶部是方案文件，方案文件指向 3 种不同的文件类型，即产品文件、视图文件和场景文件。

2. 产品文件

产品文件包含装配体的结构，还表示角色的位置和视口的属性。产品文件可以指向几何图形文件、视图文件、场景文件或其他产品文件。

3. 视图文件

视图文件包含方案中的视图定义。方案文件或产品文件可以指向视图文件。

4. 场景文件

场景文件包含动画数据。方案文件或产品文件可以指向场景文件。

5. 几何图形文件

几何图形文件包含有关方案中几何图形定义的信息。产品文件必须指向几何图形文件。

上述文件的层次结构如图 13-1 所示。

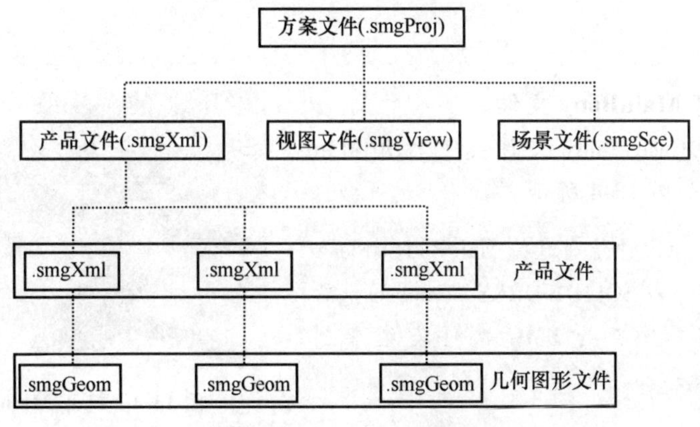

图 13-1 各类文件的层次结构

操作步骤

步骤 1 打开 SOLIDWORKS 装配体（可选操作）

如果用户计算机上安装了 SOLIDWORKS，启动 SOLIDWORKS。从 Lesson13 \ Case Study \ SOLIDWORKS Files 文件夹下打开 Toy Arrow Launcher. sldasm 文件，如图 13-2 所示。该装配体包含“MainBody”“Piston”和“Arrows” 3 个子装配体。

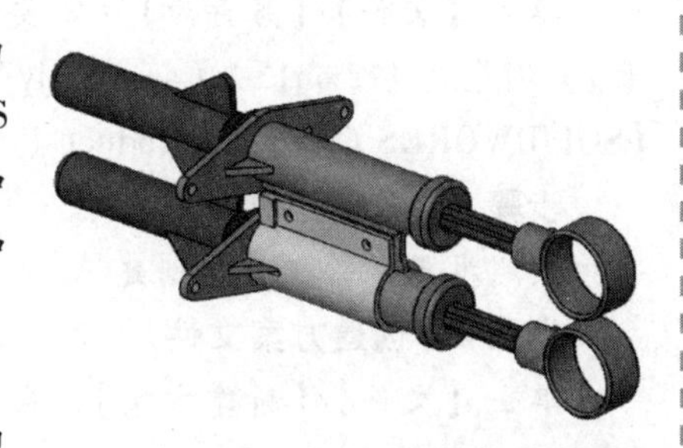

图 13-2 打开 SOLIDWORKS 装配体

步骤 2 查看配置（可选操作）

“MainBody”和“Arrows”子装配体具有可替换的配置，查看这两个子装配体的不同配置，如图 13-3 所示。不保存文件，关闭 SOLIDWORKS。

图 13-3 查看配置

13.3 产品文件

如前所述，产品文件是可以引用几何图形文件、视图文件、场景文件和其他产品文件的 XML 文件。在本章中，将创建 3 个产品文件和 1 个方案文件，然后把产品文件导入方案文件中。

有几种方法可以创建产品文件。创建产品文件的最简单方法之一是将 SMG 文件保存为产品文件。使用这种方法，SMG 文件中的所有角色都被保存到产品文件中。创建产品文件的第二种方法是从选定的角色创建产品文件。使用此方法，从【装配】选项卡中选择一个或多个角色，然后将其导出到产品文件。下面将使用第一种方法创建产品文件，然后在后续的练习中使用第二种方法。

步骤 3　打开 MainBody 文件

从 Lesson13 \ Case Study 文件夹下打开 MainBody. smg 文件，如图 13-4 所示。

提示：此文件是通过将 MainBody. sldasm 文件导入 SOLIDWORKS Composer，然后将其保存为 SMG 文件类型来创建的。

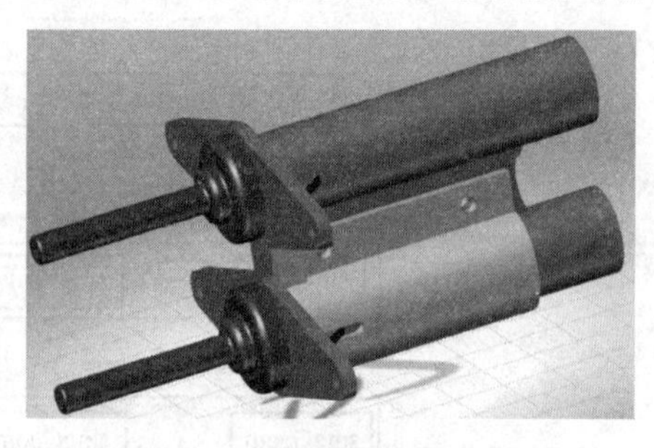

图 13-4　打开 MainBody 文件

注意：在导入过程中，SOLIDWORKS Composer 引用 SOLIDWORKS 文件最后保存的配置。

步骤 4　保存产品文件

单击【文件】/【另存为】（不要单击【另存为】旁边的箭头，这将给出不同选项的列表）。浏览到 Lesson13 \ Case Study \ Projects \ Products 文件夹，在【保存类型】中选择【SOLIDWORKS Composer product （. smgXml）】，单击【保存】。关闭文件。

步骤 5　保存其他产品文件

按照步骤 4 的操作，创建 Arrows. smg 和 Piston. smg 的产品文件。

步骤 6　创建方案文件

单击【文件】/【新建方案】，在【名称】中输入“Toy Arrow”，在【文件夹】下浏览到 Lesson13 \ Case Study \ Projects，单击【确定】，出现【添加产品】窗口。

步骤 7　将产品文件添加到方案文件中

浏览到 Lesson13 \ Case Study \ Projects \ Products 文件夹，选择“MainBody”产品文件并单击【打开】，如图 13-5 所示。

步骤 8　修改背景方向

单击视口的背景，在属性窗格中将【垂直轴】修改为【Y+】。

步骤 9　创建照相机视图

单击左窗格的【视图】选项卡，单击【创建照相机视图】，如图 13-6 所示，将视图命名为“Camera View”。

图 13-5　将产品文件添加到方案文件中

图 13-6　创建照相机视图

步骤 10 查看方案文件

使用 Windows 资源管理器，浏览到 Lesson13 \ Case Study \ Projects。注意方案形成时创建的方案文件和 Toy Arrow 文件夹。打开 Toy Arrow 文件夹，查看其中的产品文件（.smgXml）、视图文件（.smgView）和场景文件（.smgSce）。

13.4 产品方向

将产品文件添加到方案文件时，产品坐标系的方向将自动与方案坐标系对齐。如果工作流程计划不当，可能会导致零件重叠。在本章中，SOLIDWORKS 装配体是通过先插入所有零件来创建的，然后在主装配体的关联中创建子装配体。此外，如果通过导出特定角色创建产品，则会保持角色的方向。

步骤 11 添加其他产品

单击左窗格中的【装配】选项卡，右键单击【Root】，选择【产品】/【添加产品】，选择“Arrows”产品并单击【打开】。使用相同的操作添加“Piston”产品。如有必要，使用在步骤 9 中创建的“Camera View”视图重新定向。

13.4.1 视图文件

如前所述，视图文件存储了角色的方向以及方案中视图的视口信息。用户可以创建多个视图文件，但每次只能访问一个。

在处理方案时，用户可以将视图从单独的视图文件中导入当前的方案中，也可以将视图导出到其他视图文件中。用户能够访问多个视图文件以允许在一个方案中显示多个过程。例如，用户可以创建一个视图文件来显示如何更换电池，并用一个单独的视图文件来显示如何组装产品。

13.4.2 场景文件

如前所述，场景文件包含方案内的动画信息。一个方案一次只能指向一个场景文件，因此，如果存在多个场景文件，则必须根据需要一次将它们导入一个场景文件内。

13.4.3 交换方案文件

对于具有两个或多个 SOLIDWORKS Composer 用户的组织来说，在方案中交换文件的能力是很有必要的。例如，当一个团队成员创建视图时，另一个团队成员可以制作动画。一旦准备就绪，团队就可以将视图文件和场景文件导入同一方案中。此外，还可以交换产品文件并使用带配置的装配体重用视图和动画。

为了在项目中成功交换文件，角色的名称不得更改。例如，如果一个装配体具有两个配置，并且第一个配置具有名为“Part1”的零部件，而第二个配置将其替换为“Part2”，则动画和视图将无法识别该零件。

步骤 12 导入视图文件

单击左窗格的【视图】选项卡，右键单击空白区域并选择【导入视图】。浏览到 Lesson13 \ Case Study \ Completed Views and Animations 文件夹，选择 Complete Views. smgView 并单击【打开】。【视图】选项卡现在具有在步骤 9 中创建的“Camera View”视图以及另外 3 个视图，如图 13-7 所示。

步骤 13　查看新视图

查看已经是方案一部分的新视图，如图 13-8 所示。

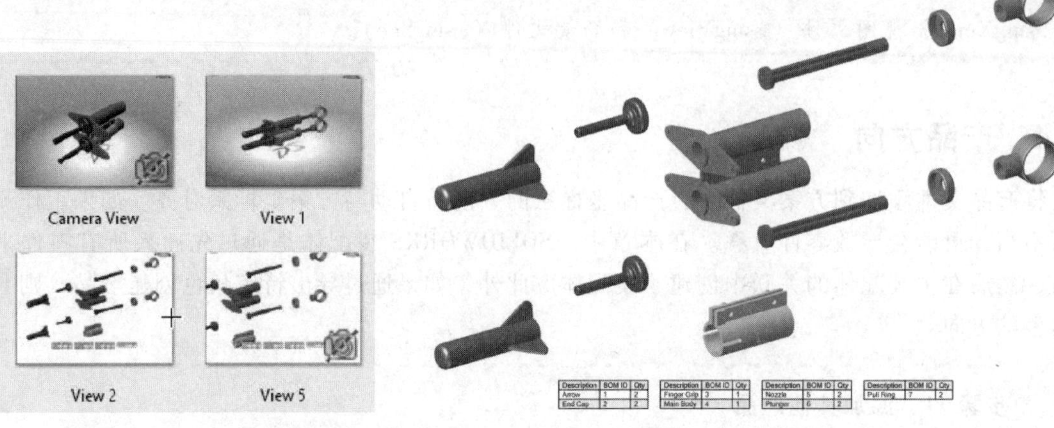

图 13-7　导入视图文件　　图 13-8　查看新视图

步骤 14　指向新的场景文件

在视口的左上角激活【动画模式】。单击【动画】选项卡，单击【加载根场景】。浏览到 Lesson13 \ Case Study \ Completed Views and Animations 文件夹，选择 Completed Scenario. smgSce 并单击【打开】。现在在时间轴上可以看到关键帧。

步骤 15　播放新动画

在时间轴窗格中清除【循环播放模式】以使动画只播放一次。单击【播放】▶，如图 13-9 所示。

图 13-9　播放新动画

步骤 16　保存并关闭方案文件

步骤 17　替换产品

浏览到 Lesson13 \ Case Study \ Alternative Configurations \ Main Body Configurations 文件夹，打开 Sights Hand Grip. smg 文件，如图 13-10 所示。单击【文件】/【另存为】，浏览到 Lesson13 \ Case Study \ Projects \ Products 文件夹，在【保存类型】中选择【SOLIDWORKS Composer product (. smgXml)】，将产品命名为“MainBody. smgXml”，单击【保存】。弹出一条警告消息，询问是否要替换现有文件，单击【是】。关闭文件。

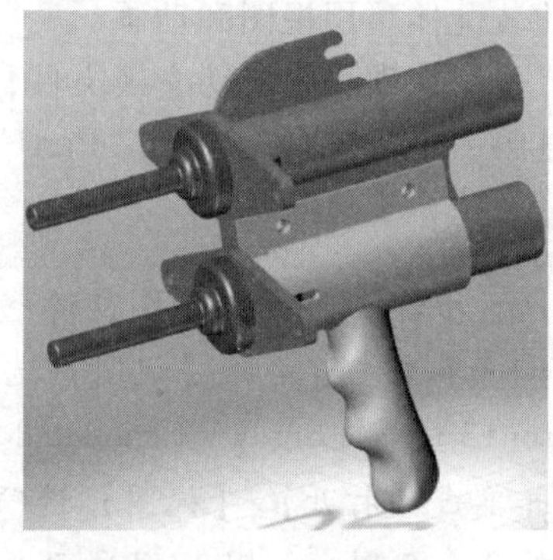

图 13-10　打开文件

步骤 18　打开带有“MainBody”的方案文件

查看使用新几何图形的视图和动画，如图 13-11 所示。

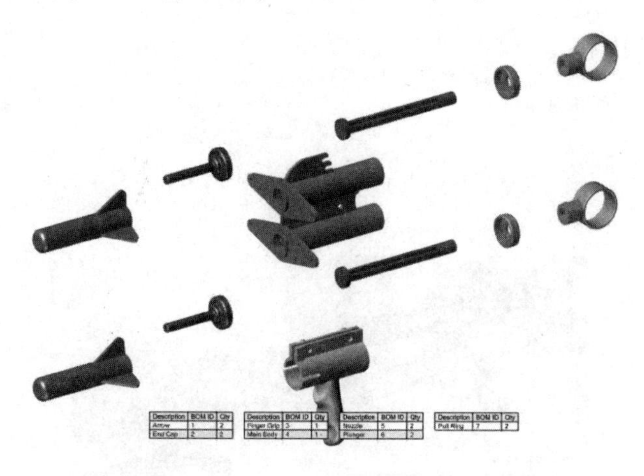

图 13-11　打开带有“MainBody”的方案文件

步骤 19　保存并关闭方案文件

步骤 20　尝试更改其他几何图形（可选操作）

使用 Lesson13 \ Case Study \ Alternative Configurations 文件夹中的文件，按照步骤 17～步骤 19 创建带有自己想要的几何图形的方案文件。

步骤 21　直接打开产品文件

浏览到 Lesson13 \ Case Study \ Projects \ Products 文件夹并打开 Arrows. smgXml 文件。

步骤 22　直接编辑产品文件

选择其中一个箭头，然后在属性窗格中将【颜色】修改为黄色，单击【设为中性属性】，如图 13-12 所示。

步骤 23　保存并关闭产品文件

步骤 24　打开方案文件

注意到，在整个方案文件中，箭头的颜色为黄色，如图 13-13 所示。

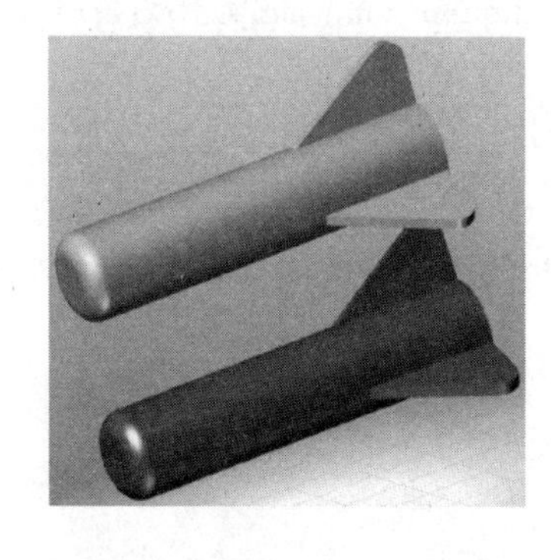

图 13-12　直接编辑产品文件

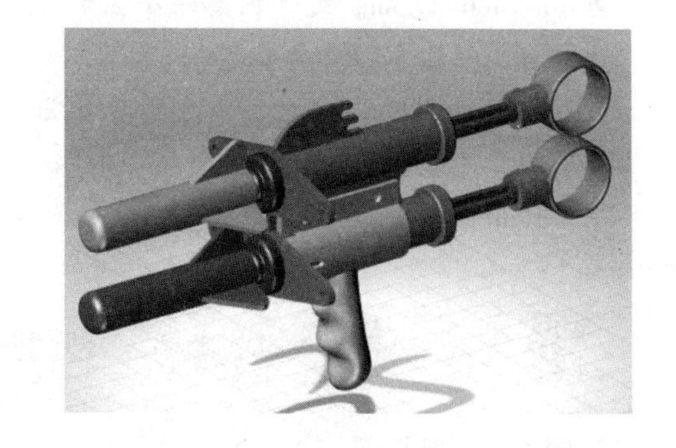

图 13-13　打开方案文件

步骤 25　保存并关闭文件

练习　创建方案

本练习中，将通过从两个文件中导出产品和视图来合并两个 SMG 文件，然后将相关数据带入方案中，如图 13-14 所示。

本练习将应用以下技术：

- 产品文件。
- 产品方向。
- 视图文件。
- 交换方案文件。

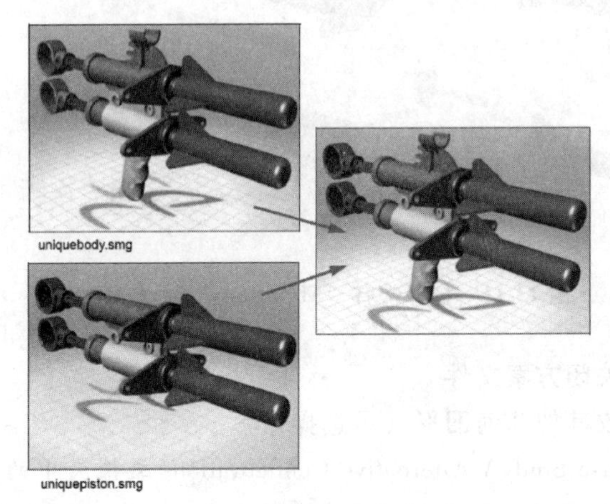

图 13-14　创建方案

操作步骤

步骤 1　打开文件

从 Lesson13 \ Exercises 文件夹下打开 uniquebody. smg 和 uniquepiston. smg 文件。

步骤 2　查看装配体结构

对于这两个文件，【Root】下有 “Arrows” “MainBody” 和 “Piston” 3 个角色的集合。

步骤 3　查看视图

在 uniquebody. smg 文件内有一个照相机视图，在 uniquepiston. smg 文件内有 3 个视图。

步骤 4　创建方案文件夹结构

创建文件夹结构。注意，用户需要导出产品文件和视图文件，然后创建方案。

步骤 5　从 SMG 文件导出产品

从 uniquebody. smg 文件导出 “Arrows” 和 “MainBody”，从 uniquepiston. smg 文件导出 “Piston”。

提示　使用右键单击的方式可以导出产品，如图 13-15 所示。

步骤 6　导出视图

从两个 SMG 文件中导出所有的视图。

步骤 7　创建方案

将产品导入方案中，如图 13-16 所示。

步骤 8 导入视图

在新方案中一共有 4 个视图，如图 13-17 所示。

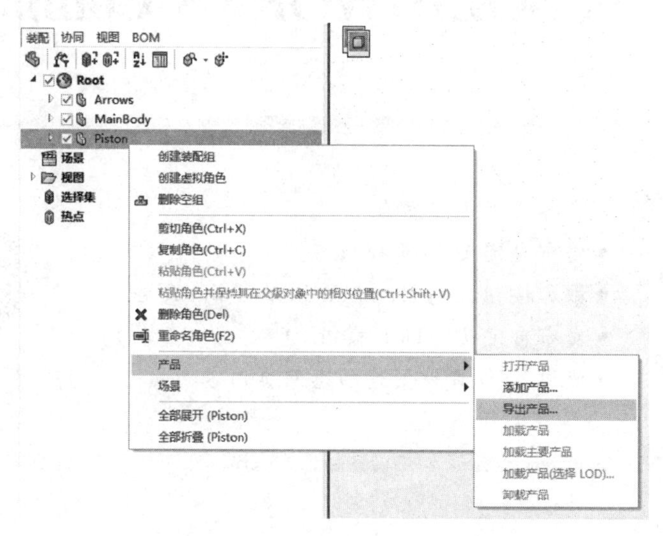

图 13-15 从 SMG 文件导出产品

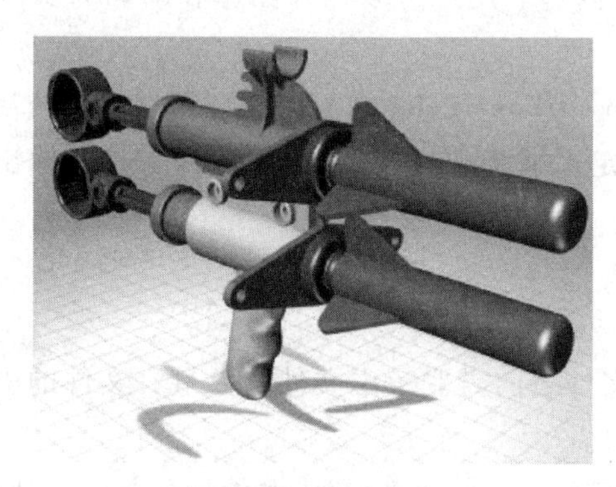

图 13-16 创建方案

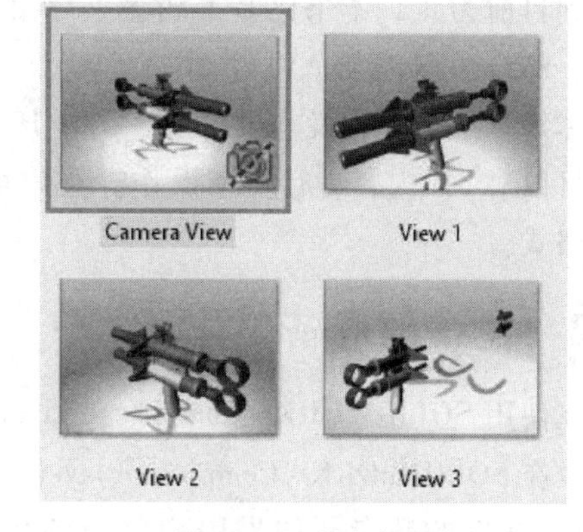

图 13-17 导入视图

步骤 9 保存并关闭文件

将方案保存为一个 SMG 文件。

第 14 章　从 SOLIDWORKS Composer 发布

学习目标

- 准备文件进行发布
- 发布自定义 PDF 模板
- 添加按钮控制 Microsoft PowerPoint 文档

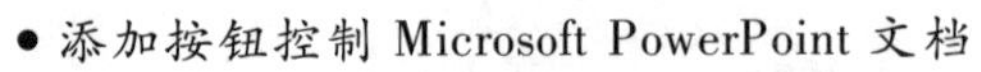

- 发布自定义 HTML 模板

- 使用 SVG 文件创建动态网页内容

扫码看视频

14.1　概述

到目前为止，本书已基本涵盖了导出文件的相关内容。用户可以保存图像和动画为 JPG 栅格图、SVG 矢量图和 AVI 动画。

本章将学习如何发布文件到 PDF、HTML 和 Microsoft PowerPoint 内。用户在查看文档或演示时，可以对 3D 内容进行交互操作。用户可以通过自定义模板和加载 ActiveX 代码来控制输出的各种格式。

14.2　发布的准备工作

在使用 SOLIDWORKS Composer Player 查看分享文件之前需要考虑文件的数量、文件的安全性以及在 SOLIDWORKS Composer Player 中的一些权限。

1）文件的数量。如果用户已经使用 SOLIDWORKS Composer 的产品文件，包括 . smgXml、. smgGeom、. smgSce、. smgView 文件以及缩略图，那么用户可以将 SOLIDWORKS Composer 产品文件另存为 . smg 文件，以将所有产品文件合并到一个文件中。这会使分发内容更加容易。

2）文件的安全性。当用户发布 3D 数据时，可以测量其几何图形，但是可能有用户不希望别人测量的专有数据。SOLIDWORKS Composer 包含一个降低几何精度的工具，以防止他人测量这些文件。此外，用户还可以为文件添加一个密码或失效日期，来增加安全性。

3）SOLIDWORKS Composer Player 的权限。当用户将文件发布为 SOLIDWORKS Composer Player 可查看的文件时，用户可以决定查看者的权限。例如，用户可允许他人测量、注释、查看装配树等。

> **提示** 本节的操作步骤是可选的。若无要求，用户可以分享一个无任何安全保障或权限的 SOLIDWORKS Composer 产品。用户可以发布文件到 PDF、HTML 和 Microsoft PowerPoint 内而不必操作以下步骤。

在开始本章的学习前，需要准备一个 SOLIDWORKS Composer 的产品发布。

操作步骤

步骤 1　打开文件

从 Lesson14\Case Study\ACME-245A 文件夹下打开 ACME-245A. smg 文件。

步骤 2　降低选定角色的精度

选择 ACME-P452B 和 ACME-P453B，单击【几何图形】/【Secure】/【安全 3D 刷】。在【精度】选项中输入“0. 5”以增大效果并按〈Enter〉键。按住鼠标左键，在所选角色上，拖动鼠标指针完成后按〈Esc〉键。这样会降低所选角色的几何精度，并限制查看者准确测量这些角色的能力。

步骤 3　降低全局精度

单击【文件】/【另存为】/【SOLIDWORKS Composer】。

不要立刻单击【保存】，在保存文件前还需要做一些更改。

勾选【降低精确度】复选框并输入“0. 1”，对所有角色应用全局扭曲。

步骤 4　应用密码

勾选【密码】复选框并输入“training”作为密码。再次输入“training”确认密码。

步骤 5　为 SOLIDWORKS Composer Player 视图添加权限

在【另存为】对话框左侧选择【Right Manager】。勾选【标注】复选框允许在 SOLIDWORKS Composer Player 标注尺寸。勾选【结构树】复选框可以在 SOLIDWORKS Composer Player 中看到装配树。

如果需要，用户也可以尝试其他选项。

步骤 6　保存文件

选择【SOLIDWORKS Composer(. smg)】格式为【保存类型】，在文件名称中输入“ACME-245A_Publishing”，单击【保存】。

应用程序创建 ACME-245A_Publishing. smg 文件。所有的属性、几何图形、视图和场景信息都包含在这个单一的文件中。这个文件因为全局精度降低和密码设置变得更为安全。此外，文件还具有其他权利，即允许查看者在 SOLIDWORKS Composer Player 中进行更多操作。

步骤 7　关闭文件

14. 3　发布为 PDF

本节内容从发布 SOLIDWORKS Composer 3D 内容为 PDF 格式开始。用户既要发布到与 SOLIDWORKS Composer 一起安装的 PDF 模板中，又要发布到自定义的 PDF 文件中。自定义的 PDF 文件包含同一个 SOLIDWORKS Composer 文件内嵌的两个不同的动画。

用户可以按下列嵌入式格式将 SOLIDWORKS Composer 内容发布到 PDF 中：

1）U3D。U3D 是 Universal 3D 的缩写。这个格式显示为 3D 数据，用户可以使用缩放、旋转、隐藏和显示等操作与内容实现交互，U3D 选项用于控制它的输出。

2）SMG（内容加强）。在嵌入式 SOLIDWORKS Composer Player 中显示 SMG 文件。

3）仅预览图像。显示 2D 图像。

14.3.1 PDF 插件

为了查看包含 SOLIDWORKS Composer SMG 增强内容的 PDF 文件，用户必须首先下载并安装针对 SOLIDWORKS Composer 文件的 Adobe Acrobat 插件。这个插件会与 SOLIDWORKS Composer 或 SOLIDWORKS Composer Player 一起自动安装。如果用户需要与同事分享 PDF，则可以安装免费的 SOLIDWORKS Composer Player，或将插件文件发给同事。此插件需要 Adobe Acrobat 或 Adobe Reader version 7.0.7 及更高版本支持。

将某些信息发布到 PDF 的能力取决于用户使用 Adobe 的许可。如果用户没有使用 Adobe 的适当许可证，则本章中的某些步骤将无法正常操作。

操作步骤

步骤 1　复制插件文件到正确的位置

安装程序将下述插件文件安装到文件夹<SOLIDWORKS_Composer_install_dir>\Plugins\Acrobat\Reader\Plug_Ins 中：

- composerplayercontrol.dll
- composerplayerreader.api
- SWLoginClientCLR.dll
- swsecwrap.dll
- swsecwrap_libFNP.dll

对 Adobe Reader 而言，必须复制这些文件到文件夹<Reader_install_dir>\plug_ins 下；对 Adobe Acrobat 而言，必须复制这些文件到文件夹<Acrobat_install_dir>\plug_ins 下。

提示

在 Windows 10 中，SOLIDWORKS Composer 的默认安装路径是 C:\Program Files\SOLIDWORKS Corp\SOLIDWORKS Composer。Adobe Reader 的默认安装路径是 C:\Program Files (x86)\Adobe\Acrobat Reader DC\Reader。Adobe Acrobat Pro 的默认安装路径是 C:\Program Files (x86)\Adobe\Acrobat DC\Acrobat。

14.3.2 默认 PDF

默认的名为 TemplateSMGSW.pdf 的模板文件位于文件夹<SOLIDWORKS_Composer_install_dir>\Pdf 内。默认的格式显示为一页横向的页面格式。页面左侧显示标志和对于文件类型的最低要求，页面其余的部分显示 SOLIDWORKS Composer 的内容。

步骤 2　打开文件

从 Lesson14\Case Study\ACME-245A 文件夹下打开 ACME-245A.smg 文件。

步骤 3　发布为 PDF 文件

- 单击【文件】/【发布】/【PDF】。不勾选【使用自定义模板】复选框，选择【SMG(内容加强)】为【嵌入式 3D 文件】，输入文件名“Fence_Default”并单击【保存】。

步骤 4　查看 PDF 文件

在 Adobe Reader 中打开 PDF 文件。单击图像，然后在 PDF 文件内启动 SOLIDWORKS Composer Player，如图 14-1 所示。

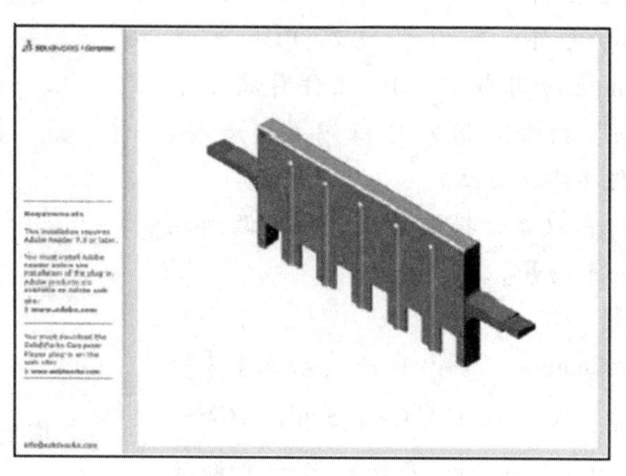

图 14-1　查看 PDF 文件

14.3.3　自定义 PDF

用户也可以使用自定义模板，模板可以是任意的 PDF 文件。用户可以使用 Adobe Acrobat Professional 将按钮添加到 PDF 文件，用作嵌入式 SOLIDWORKS Composer 文件的占位符。

如果用户没有安装 Adobe Acrobat Professional，则无法添加按钮，可以跳转到步骤 9 继续本章的学习。

步骤 5　打开自定义 PDF 文件

从 Lesson14\Case Study\ ACME-245A 文件夹下打开 PDF_Custom_Template. pdf 文件。

步骤 6　为 SMG 文件添加占位符

单击【工具】，确保在【创建和编辑】中已经添加了【富媒体】并单击【打开】。单击【添加按钮】。在 Explode/Collapse Animation 标题下拖出一个较大的矩形区域用于放置按钮，按钮最终会被一个 SOLIDWORKS Composer 文件替换。单击【所有属性】，或双击按钮以打开【按钮属性】对话框。在【一般】选项卡中，输入“SeemageReplace”作为【名称】。名称应区分大小写，因此输入的“SeemageReplace”一定要准确。单击【关闭】。

步骤 7　添加第二个占位符

重复之前的步骤，在 PDF 文件中的 Service Procedure 标题下添加一个按钮。按钮的名称必须准确地命名为“SeemageReplace”。

步骤 8　保存自定义 PDF 文件

单击【文件】/【保存】，并关闭文件，该文件将被作为模板使用。

步骤 9　发布为 PDF

在 SOLIDWORKS Composer 中，单击【文件】/【发布】/【PDF】。勾选【使用自定义模板】复选框并打开 PDF_Custom_Template. pdf 文件。如果用户没有安装 Adobe Acrobat Professional，请打开 PDF_Custom_Template_withButtons. pdf 文件。

在【嵌入式 3D 文件】中选择【SMG（内容加强）】。

输入“fence_1”作为文件名并单击【保存】，如图 14-2 所示。

步骤 10　查看 PDF 文件

打开 fence_1. pdf 文件。可以发现在 PDF 文件中，SOLIDWORKS Composer 用当前 SMG 文件替换了第一个“SeemageReplace”按钮。用户可以缩放、旋转、切换视图以及为服务程序播放动画。

下面将修改文档内容以显示排演动画。为了做到这一步，用户需要加载一个场景。

步骤 11　加载场景

在 SOLIDWORKS Composer 中，单击【动画】/【场景】/【加载根场景】。从 Lesson14\Case Study\ACME-245A 文件夹下打开 Service. smgsce 文件，用一个排演动画替换爆炸和解除爆炸动画。

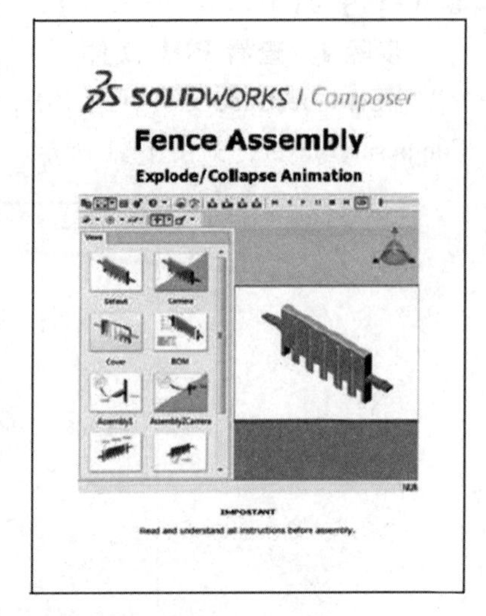

图 14-2　发布为 PDF

步骤 12　发布为 PDF

单击【文件】/【发布】/【PDF】。勾选【使用自定义模板】复选框并打开 fence_1. pdf 文件。在【嵌入式 3D 文件】中选择【SMG（内容加强）】。输入“fence_2”作为文件名并单击【保存】。

步骤 13　查看 PDF 文件

打开 fence_2. pdf 文件。第一页的 SOLIDWORKS Composer 内容保持不变，新的内容替换了第二页的按钮，这是因为这一页包含着下一个可用的“SeemageReplace”按钮。请注意第二页的动画与第一页是不同的，它包含服务动画，包括这次发布之前用户加载的场景。

14.4　发布为 Microsoft PowerPoint

现在用户已经学习了如何链接或嵌入 SOLIDWORKS Composer 文件到 PDF。接下来将讲解如何链接或嵌入文件到 Microsoft PowerPoint 文档。对于 Microsoft Word 和 Excel 的操作也是相似的步骤。此外，还将介绍如何在 Microsoft PowerPoint 文档中自定义按钮以控制 SOLIDWORKS Composer 文件。

14.4.1　嵌入 Microsoft PowerPoint

下面将 SOLIDWORKS Composer 文件嵌入 Microsoft PowerPoint 中。

操作步骤

步骤 1　打开 PowerPoint 文件

打开 Lesson14\Case Study\ACME-245A 文件夹下的 Start_PowerPoint_Presentation. pptx 文件。

步骤 2　设置开发工具选项

Microsoft PowerPoint 包含默认情况下未显示的开发人员工具，用户必须将其打开。单击【文件】/【选项】/【自定义功能区】。确保【开发工具】显示在右侧的列表中（如果它不在右侧的列表中，则需要从左侧的列表中添加它）。勾选【开发工具】复选框，以激活该功能，如图 14-3 所示。单击【确定】，【开发工具】选项卡现在变为可用。

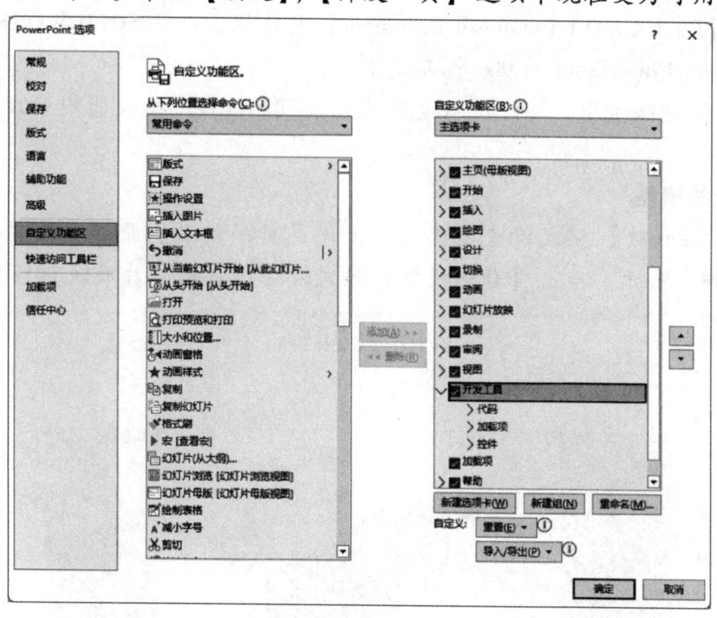

图 14-3　设置开发工具选项

步骤 3　添加控件

浏览到第二张幻灯片，计划将模型的视口放置在 Widget 245A 标题下。在【开发工具】选项卡下，单击【控件】/【其他控件】，弹出【其他控件】窗口。选择“Composer Player ActiveX”并单击【确定】。

步骤 4　调整控件

调整 Composer Player ActiveX 控件的大小，以使其在页面上占用更多的空间，如图 14-4 所示。

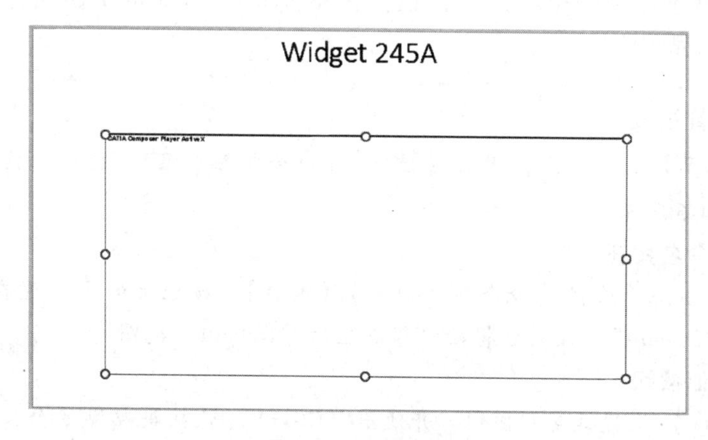

图 14-4　调整控件

步骤 5　更新控件属性

右键单击控件，选择【Composer Player ActiveX 对象】/【Properties】，在【General】选项卡上设置如下内容：

- 浏览到 Lesson14 \ Case Study \ ACME-245A 文件夹下的 ACME-245A. smg 文件，单击【打开】。
- 不勾选【Pack CATIA Composer document】复选框，以将 SOLIDWORKS Composer 文件链接到 Microsoft PowerPoint 文档，而不是嵌入。

在【Layout】选项卡中，清除所有复选框以关闭 ActiveX 播放器中的所有工具栏。单击【确定】。

步骤 6　查看模型

单击【幻灯片放映】模式以查看模型。使用鼠标的缩放、平移和旋转功能操作模型的视图，如图 14-5 所示。单击【普通视图】模式以退出【幻灯片放映】模式。

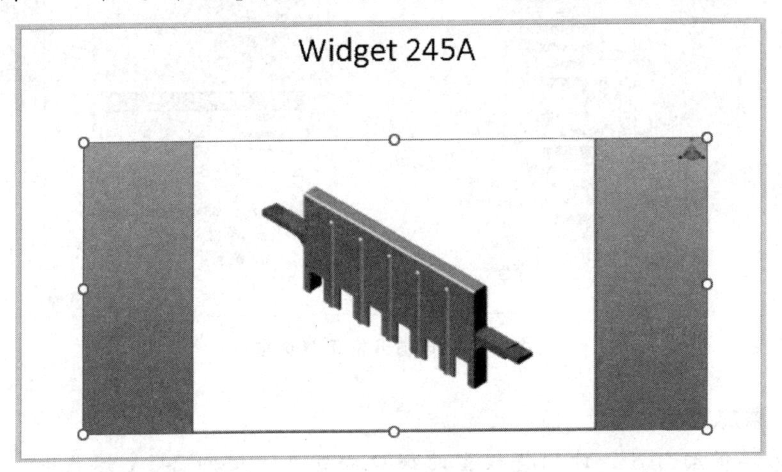

图 14-5　查看模型

14.4.2　添加自定义按钮

现在，为文档添加自定义按钮以展示特殊视图和显示工具栏。下面将 Composer Player ActiveX 控件 API 代码添加到每个自定义按钮。有关 ActiveX API 的更多信息，请参阅 SOLIDWORKS Composer 编程向导。

步骤 7　放置按钮

在【开发工具】选项卡上，单击【控件】/【命令按钮】 ▭。将按钮放置在模型上方的左侧，如图 14-6 所示。

步骤 8　重命名按钮

右键单击按钮，并选择【命令按钮对象】/【编辑】。按钮上的文本现在是可编辑的，将按钮命名为"Default"（该按钮将被编程以显示"Default"视图）。

步骤 9　其他按钮

使用〈Ctrl+C〉快捷键复制按钮，并使用〈Ctrl+V〉快捷键粘贴 3 个按钮。将按钮水平对齐并且间距相等。

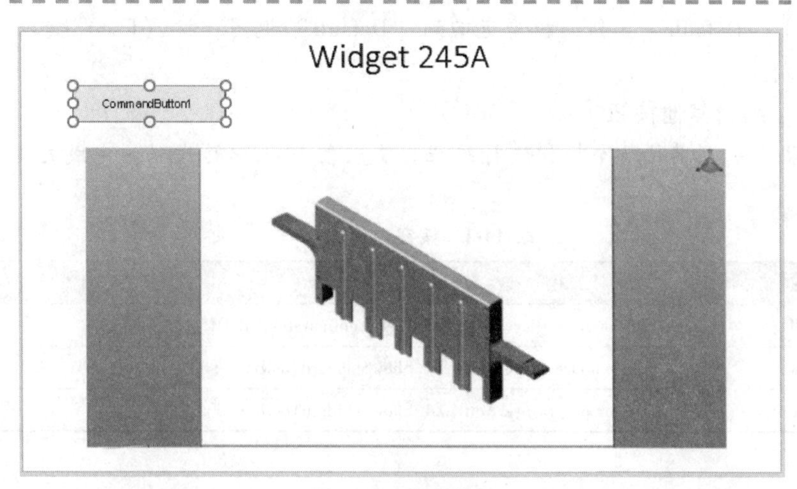

图 14-6　放置按钮

步骤 10　重命名按钮

使用步骤 8 中的方法重命名按钮。将第二个按钮命名为 “BOM”，将第三个按钮命名为 “Show”，将第四个按钮命名为 “Hide”，如图 14-7 所示。

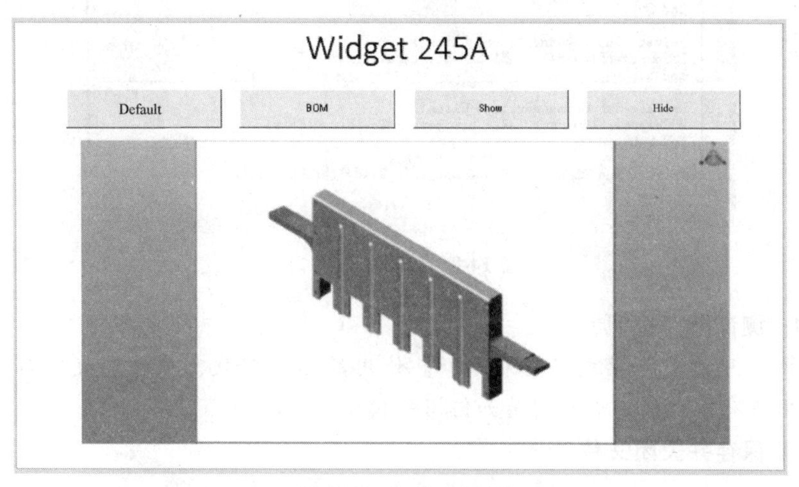

图 14-7　重命名按钮

步骤 11　编辑第一个按钮

双击 “Default” 按钮以进行编辑，【Microsoft Visual Basic for Applications】窗口出现。在 “End Sub” 行之前输入以下内容：

DSComposerPlayerActiveX1. GoToConfiguration "Default"

单击【保存】并关闭窗口。

提示

本示例中使用的代码可以在 Lesson14 \ Case Study \ ACME-245A 文件夹下的 ActiveX_code_for_PowerPoint. txt 文件中找到。

步骤 12　测试按钮

单击【幻灯片放映】模式以查看模型。使用鼠标的缩放、平移和旋转功能操作模型的视图。单击“Default”按钮，模型返回到“Default”视图。按〈Esc〉键以退出【幻灯片放映】模式。

步骤 13 编辑其他按钮

重复步骤 11，对其他 3 个按钮进行编程。使用表 14-1 中的代码，完成的结果如图 14-8 所示。

表 14-1 按钮对应的代码

按钮	代　码
BOM	DSComposerPlayerActiveX1. GoToConfiguration" BOM"
Show	DSComposerPlayerActiveX1. ShowStandardToolBar = True
Hide	DSComposerPlayerActiveX1. ShowStandardToolBar = False

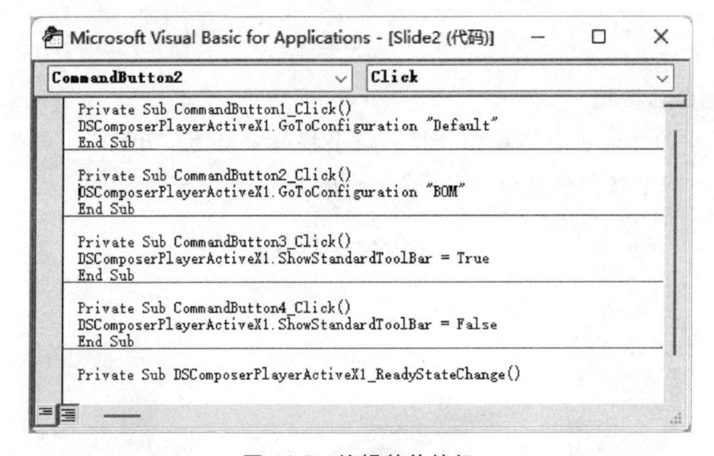

图 14-8 编辑其他按钮

步骤 14 测试所有按钮

单击【幻灯片放映】模式以查看模型。使用鼠标的缩放、平移和旋转功能操作模型的视图。使用所有按钮来查看它们是如何影响模型的。

步骤 15 保存并关闭文件

提示 

当用户重新打开文件时，可能必须重新启用宏才能保证 ActiveX Player 可以正常工作。一种解决方法是将演示文稿保存为 PowerPoint 宏支持的演示文稿（.pptm）。否则，当重新打开文件时，用户可能必须启用宏才能允许 ActiveX 播放器工作。

14.5 发布为 HTML

本节内容是向用户展示如何发布以及自定义 HTML 页面，并添加一个 SOLIDWORKS Composer 文件到已存在的 HTML 页面中。为了查看创建的 HTML，需要浏览器带有 ActiveX 插件。

14.5.1 默认 HTML

下面从发布一个 SOLIDWORKS Composer 文件到默认的 HTML 模板开始操作。默认的 HTML 输出由定义页面内容的配置文件驱动。在 SOLIDWORKS Composer 编程向导中，HTML Profiles 的主题包含了详细的信息和一些示例。配置文件位于<SOLIDWORKS_Composer_install_dir>\Profiles

中。完整的页面文件包含工具栏、装配树、主窗口、BOM、视图的缩略图、所选角色的元属性，以及所选角色的局部窗口。

默认配置文件的大部分功能都需要使用 SOLIDWORKS Composer Player Pro。如果用户在没有 SOLIDWORKS Composer Player Pro 许可的情况下打开其中一个 HTML 文件，则只能看到主窗口和工具栏。Simple 配置文件演示了没有 SOLIDWORKS Composer Player Pro 许可时的显示结果。

操作步骤

步骤 1　发布 HTML 文件

在 SOLIDWORKS Composer 中，打开 ACME-245A. smg 文件，单击【文件】/【发布】/【HTML】，输入“Fence”作为文件名但不保存。

步骤 2　选择配置文件

在【另存为】对话框的左下方选择【Html 输出】。从配置文件列表中选择【Full】，勾选【使用 SOLIDWORKS Composer Player ActiveX 64-bit 版本(CAD 文件)】复选框，然后单击【保存】，如图 14-9 所示。

图 14-9　选择配置文件

步骤 3　查看 HTML 文件

从 Fence. html 文件保存的文件夹中打开文件。用户必须使用可以启用 ActiveX 控件的浏览器，例如 Internet Explorer。有关默认输出的注意事项如下：

- 左侧的装配树列出了所有几何角色。选择其中的角色可以将它们显示在局部视图中，并在右下侧显示它们的元属性。
- 除非用户激活了包含 BOM 的视图，否则左下角的 BOM 窗格是空的，如图 14-10 所示。

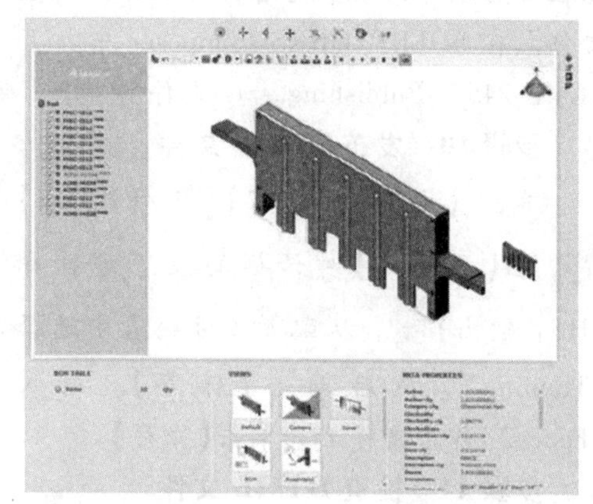

图 14-10　查看 HTML 文件

用户想要一个自定义的配置文件时该怎么办？例如，用户可能想要一个不显示 BOM 的配置文件。此时用户可以创建自己的配置文件，并使用它来发布 HTML。

步骤 4　复制配置文件

浏览<SOLIDWORKS_Composer_install_dir>\Profiles 文件夹，复制 Full. smgPublishHtmlSet 文件并重命名为“Training. smgPublishHtmlSet”。

> **技巧**　建议用户复制一份文件，而不是修改现有的配置文件。

步骤 5　复制图像

复制 Lesson14\Case Study\ACME-245A 文件夹下的 Training. smgPublishHtmlSet. jpg 图像到<SOLIDWORKS_Composer_install_dir>\Profiles 文件夹。

图 14-11　复制图像

在【另存为】对话框中选择新的配置文件时，出现的图像如图 14-11 所示。

在这个配置文件中用户需要自定义 3 处：配置文件的名称、预览图像以及页面中 BOM 部分的外观。

步骤 6　更改配置文件的名称

在文本编辑器中打开 Training. smgPublishHtmlSet，例如使用记事本打开。找到如下代码：<Meta Name = "Meta. Name" Type = "String" DefaultLabel = "Full">。

将“Full”替换为“Training”，为创建的配置文件提供一个新的标题。

步骤 7　使用新的预览图像

找到如下代码：<PreviewImage Value = "Full. smgPublishHtmlSet. jpg" />。

将“Full”替换为“Training”，指定在之前步骤中复制的图像文件。

步骤 8　隐藏 HTML 页面的 BOM 部分

找到如下代码：<BOM Value = "1" />。将“1”改为“0”，隐藏页面的这一部分。保存并关闭文件。

技巧：要想学习更多自定义 HTML 配置文件的内容，请单击【帮助】/【编程向导】并查看 HTML Profiles 主题。

步骤 9　重启 Composer

用户必须关闭并重新打开 Composer 以在配置文件列表中查看新的 HTML 配置文件。在 SOLIDWORKS Composer 中打开 ACME-245A_Publishing. smg 文件。

步骤 10　发布 HTML 文件

单击【文件】/【发布】/【HTML】。在【另存为】对话框的左下方选择【Html 输出】，从配置文件列表中选择“Training”，然后单击【保存】。输入“Fence2”作为文件名并单击【保存】。

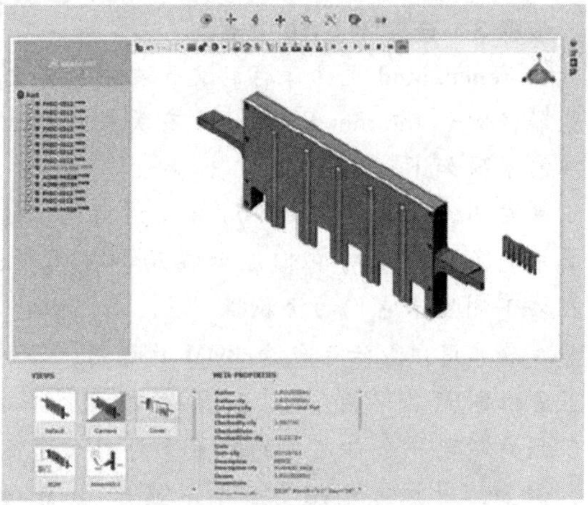

步骤 11　检查 HTML 文件

进入保存 Fence2. html 的文件夹，在支持 ActiveX 控件的浏览器中打开。请注意左下侧的 BOM 部分已经不见了，如图 14-12 所示。

图 14-12　检查 HTML 文件

提示：由于用户在同一位置发布了 Fence. html 和 Fence2. html，它们共享 resources 文件夹，该文件夹里面的文件驱动页面中的大部分内容。

技巧：如果用户需要与同事共享 HTML 输出，则需要提供以下内容：

- Fence2. html。
- 包含 SOLIDWORKS Composer 数据的 Fence2_files 文件夹。
- resources 文件夹。
- 如果 SOLIDWORKS Composer Player 没有提前安装到目标计算机中，还需要 ComposerPlayerActiveX. cab。它位于<SOLIDWORKS_Composer_install_dir>\Bin 文件夹中。

14.5.2　自定义 HTML

本章接下来的内容将嵌入 SOLIDWORKS Composer 文件到已存在的 HTML 网页中。当用户独立完成这些操作时，请注意以下几点：

- 请确认用户使用的 Composer PlayerActiveX. cab 的版本是正确的。在 SOLIDWORKS Composer 中单击【帮助】/【关于】，以确认版本号。
- 更新的文件名参数值要包含正确的相对路径。
- 为了共享文件，用户需要为 HTML 文档提供 HTML 文件、SMG 文件、CAB 文件以及任何相关联的图像、样式表格或其他支持文件。

步骤 12　查看 HTML 样本文件

从 Lesson14\Case Study\ACME-245A 文件夹下打开 HTML_Custom_Template. html 文件。该文件有一个 logo、一个标题、一个空白的区域，如图 14-13 所示。下面将添加 SOLIDWORKS Composer 的内容和一些按钮去控制 SOLIDWORKS Composer 的内容。

图 14-13　查看 HTML 样本文件

步骤 13　编辑 HTML 代码

用文本编辑器打开 HTML_Custom_Template. html 文件，例如使用记事本等。

步骤 14　嵌入 SOLIDWORKS Composer 文件

查找以下代码：<td id="Main_3D">

在该行下面，粘贴以下代码(可从 Lesson14\Case Study\ACME-245A\custom. txt 获得)：

```
<object id = "_ComposerPlayerActiveX" height = "100%" width = "100%" viewAsText = "true" classid = "CLSID:410B702D-FCFC-46B7-A954-E876C84AE4C0" codebase = "ComposerPlayerActiveX. cab#version = 7. 5. 3. 1316">
<param name = "FileName" value = "ACME-245A. smg"/>
</object>
```

这个嵌入 SOLIDWORKS Composer 文件的 HTML 文件在工具栏上没有任何控制按钮或其他的用户界面元素。

步骤 15　检查 HTML 文件

保存 HTML_Custom_Template. html 文件并在浏览器中打开文件。

步骤 16　测试按钮

单击 SOLIDWORKS Composer 内容下面的按钮。只有 “Default”“Play” 和 “Illustration” 按钮工作，其他按钮都缺少必要的代码而无法使用，如图 14-14 所示。

步骤 17　修改 BOM 按钮

用记事本打开 HTML_Custom_Template. html 文件。定位到以下控制 “Default” 按钮的代码：

```
<INPUT class='button_' TYPE = "button" Value = "Default" onclick = "JavaScript: document._ComposerPlayerActiveX. GoToConfiguration('Default')">
```

图 14-14 测试按钮

使用复制和粘贴，将“BOM”按钮的代码更新为如下内容：

<INPUT class='button_' TYPE=" button" Value=" BOM" onclick=" JavaScript: document. _ComposerPlayerActiveX. GoToConfiguration('BOM')">

步骤 18 修改“Pause”和“Stop”按钮

用“Play”按钮的代码更新“Pause”和“Stop”的代码，内容如下：

<img class='img_button' src=" pause. jpg" onclick=" JavaScript: document. _ComposerPlayerActiveX. Pause();"/>

<img class='img_button' src=" stop. jpg" onclick=" JavaScript: document. _ComposerPlayerActiveX. Stop();"/>

步骤 19 修正“Smooth”按钮

用“Illustration”按钮的代码更新“Smooth”的代码，内容如下：

<INPUT class='button_' TYPE=" button" Value=" Smooth" onclick=" JavaScript: document. _ComposerPlayerActiveX. RenderMode('0')">

保存并关闭记事本文件。

步骤 20 检查 HTML 文件

用浏览器打开 HTML 文件并测试所有按钮以确保能正常工作。

步骤 21 保存并关闭文件

14.6 链接的 SVG 文件

在第 4 章中讲解了如何从工作间的技术图解中创建 SVG 图像。SVG 图像经常用于网站。在本节中将学习如何创建多个 SVG 图像，这些图像可通过嵌入在角色中的链接进行变换。此方法是将角色链接到 SVG 文件，这些文件在所有视图同时发布之前都不会存在。本节发布的 HTML 内容不需要浏览器带有 ActiveX 插件。

操作步骤

步骤 1　打开 Composer 文件

打开 Lesson14 \ Case Study \ Computer Mouse 文件夹下的 Mouse_Assembly. smg 文件。

步骤 2　查看视图

该文件一共有 9 个视图，记录了如何更换鼠标的电池。

步骤 3　链接的 SVG 文件

激活名称为“2”的视图。选择“下一步”按钮，如图 14-15 所示，在属性窗格中查看角色是如何链接到 3. svg 的。在视图“2”中查看嵌入到角色中的其他链接。

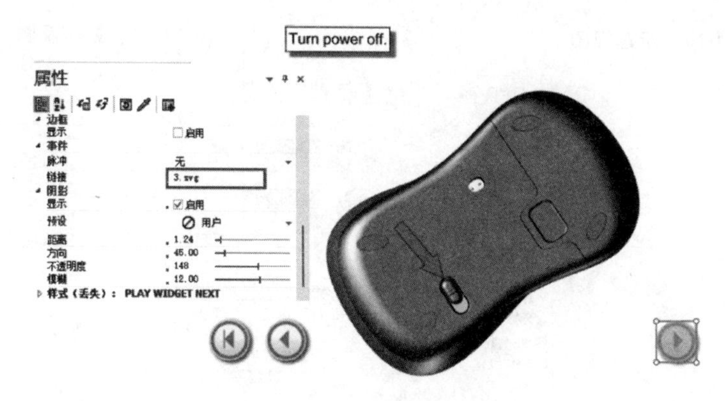

图 14-15　链接的 SVG 文件

提示　这些链接指向的 SVG 文件还不存在。一旦发布了所有视图，它们将被创建。

步骤 4　链接的几何图形角色

选择鼠标上的开关角色，查看角色是如何链接到 3. svg 的。

步骤 5　新建视图

激活名称为“8”的视图，一次性选择 3 个按钮样式的角色，注意到当前这些角色没有链接到 SVG 文件，开关角色也没有链接。按图 14-16 所示为角色创建链接。

步骤 6　更新视图

单击【更新视图】以更新名称为“8”的视图。

步骤 7　更新视图“9”

激活视图“9”，按图 14-17 所示为角色创建链接，单击【更新视图】。

步骤 8　通过工作间的技术图解发布

单击【工作间】/【发布】/【技术图解】，在【全局线宽】中输入“1”，在【轮廓】/【样式】中选择【构造边线】。确保其他参数如图 14-18 所示。

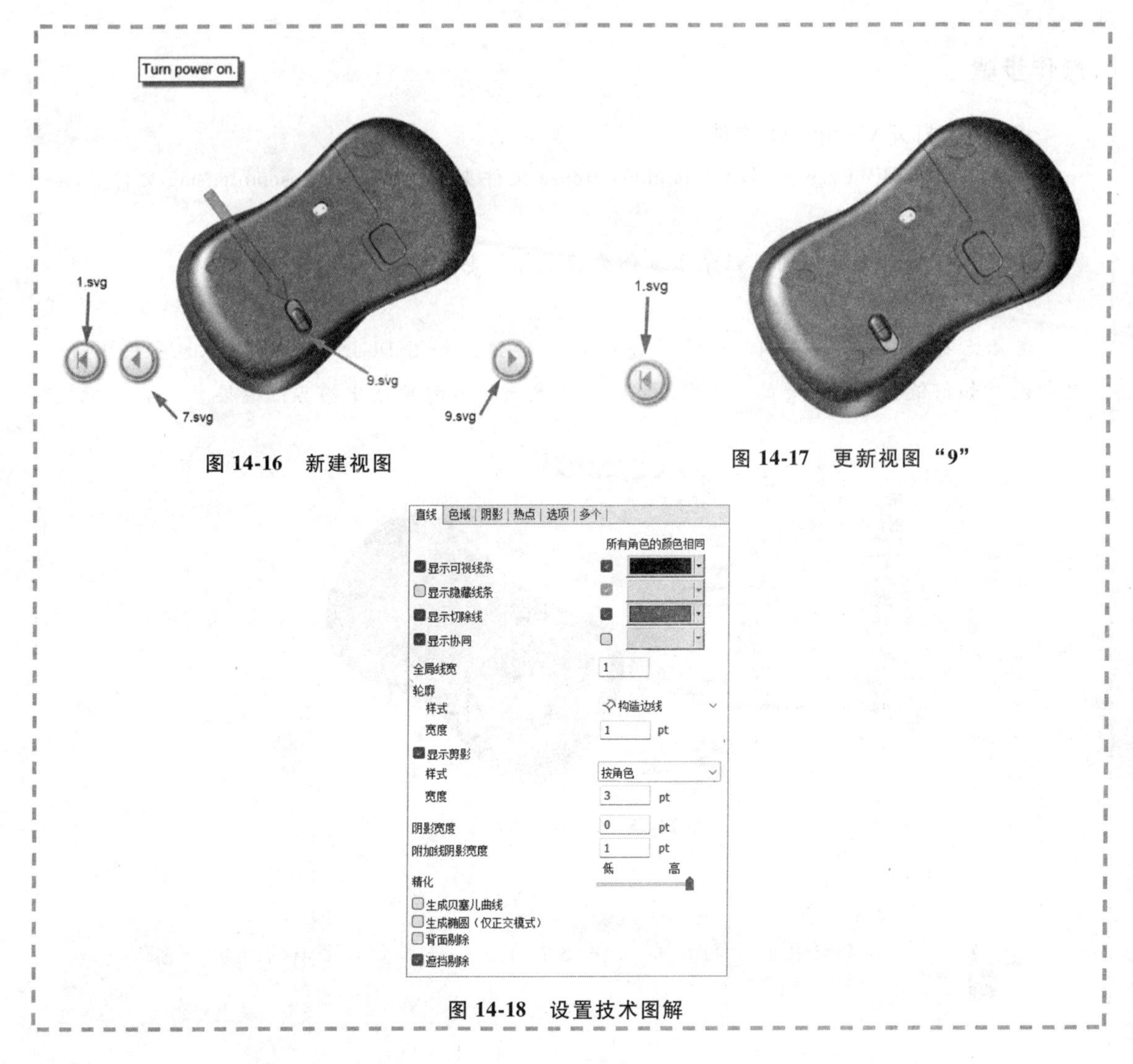

图 14-16　新建视图

图 14-17　更新视图“9”

图 14-18　设置技术图解

14.7　发布多个视图

在第 1 章中讲解了如何同时发布多个视图。在本示例中将执行相同的操作，同时还必须保证嵌入的链接能够正常工作。为了使链接正常运行，每个 SVG 文件的名称必须与视图相同，例如，名称为“1”的视图必须输出到名称为“1”的 SVG 文件中。

步骤 9　发布多个视图

在技术图解工作间中单击【多个】选项卡，勾选【视图】复选框，在【文件名模板】中输入“%viewname%”，如图 14-19 所示。

步骤 10　保存所有视图

单击【另存为】，浏览到 Lesson14 \ Case Study \ Computer Mouse \ Website 文件夹，在【保存类型】中选择【SVG (.svg)】。单击【保存】。

步骤 11　打开 SVG 文件

使用浏览器从 Lesson14 \ Case Study \ Computer Mouse \ Website 文件夹下打开 1.svg 文件，如图 14-20 所示。

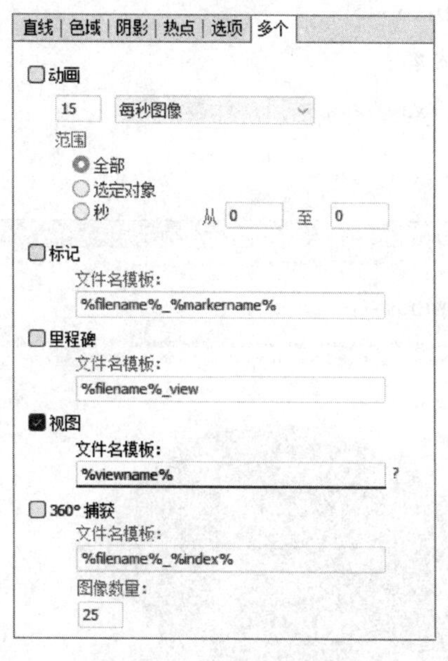

图 14-19　发布多个视图

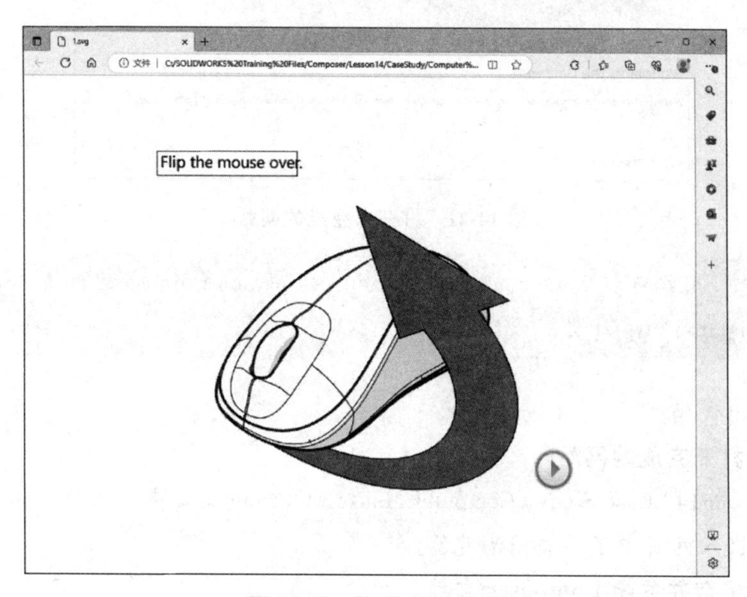

图 14-20　打开 SVG 文件

步骤 12　查看操作说明

使用嵌入的链接浏览操作说明。

步骤 13　关闭浏览器

步骤 14　打开未完成的网站

浏览到 Lesson14 \ Case Study \ Computer Mouse \ Website 文件夹并打开 Mouse. html 文件，如图 14-21 所示。

下一步将在第二段落下添加 SVG 内容。关闭浏览器。

步骤 15　添加 SVG 内容

在诸如记事本之类的文本编辑器中打开 Mouse. html 文件，在代码中找到如下内容：

<! -- #InsertSVGContentHere -->

使用下列代码替换上述内容：

<object type="image/svg+xml" data="1. svg">

</object>

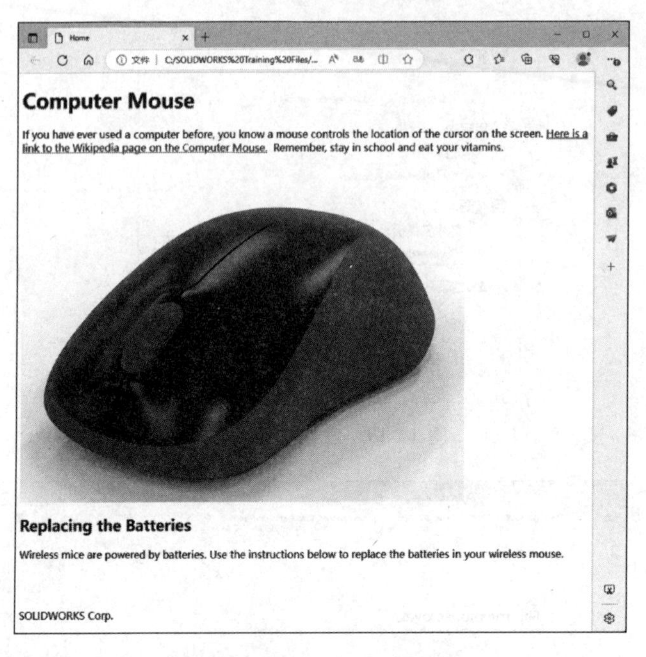

图 14-21　打开未完成的网站

提示　用户可以从 Lesson14 \ Case Study \ Computer Mouse 文件夹下找到 Code to import SVG. txt 文本以复制代码。

保存并关闭代码。

步骤 16　打开完成的网站

浏览到 Lesson14 \ Case Study \ Computer Mouse \ Website 文件夹并打开 Mouse. html 文件，SVG 代码现在嵌入网页中了。关闭浏览器。

步骤 17　保存并关闭 Composer 文件

练习 14-1　发布为 PDF

练习发布 SOLIDWORKS Composer 文件到 PDF 文件中。完成此练习后，打开 PDF 文件并确认同一个 SOLIDWORKS Composer 文件内嵌有两个不同的动画。

本练习将应用以下技术：

- 发布为 PDF。

从 Lesson14\Exercises 文件夹下打开 jig saw. smg 文件。在相同文件夹内找到作为模板的 Cordless Jig Saw. pdf 文件。模板中 SOLIDWORKS Composer 文件包含两个 “SeemageReplace” 按钮。此练习不需要使用 Adobe Acrobat Professional 程序。

操作步骤

步骤 1 为 .smg 文件赋予权限

打开 jig saw. smg 文件并应用任何用户希望在 SOLIDWORKS Composer Player 中需要的权限。保存 jig saw. smg 文件。

步骤 2 嵌入 jig saw. smg 到 PDF 文件的第一页

步骤 3 加载场景 blade. smgSce 到 jig saw. smg

步骤 4 嵌入已更新的 jig saw. smg 到 PDF 文件的第二页

操作完成后，PDF 文件的效果如图 14-22 所示。

图 14-22 PDF 文件的效果

练习 14-2 发布为 Microsoft Word

练习发布 SOLIDWORKS Composer 文件到 Microsoft Word 文件中。完成此练习后，测试 Microsoft Word 的按钮，确保视图可正常显示，而且动画能正常播放。

本练习将应用以下技术：

- 发布为 Microsoft Word。

操作步骤

步骤 1 嵌入 jig saw. smg 到 Cordless Jig Saw. doc 中

在副标题“Instruction Manual”下方嵌入一个 Composer Player ActiveX 控件，设置其属性以包含 jig saw. smg SOLIDWORKS Composer 文件。关闭所有工具栏和在 ActiveX 属性中的条目。

步骤 2 添加 3 个按钮，用于显示 jig saw. smgxml 视图

视图分别命名为“Default”“Explode”和“Cover”。

步骤 3 添加两个按钮，控制 jig saw. smg 动画的播放和停止

“Play”的功能是播放，“Stop”的功能是停止。

技巧 完整的功能列表请参见 SOLIDWORKS Composer Player ActiveX API 帮助主题。

操作完成后，Word 文件的效果如图 14-23 所示。

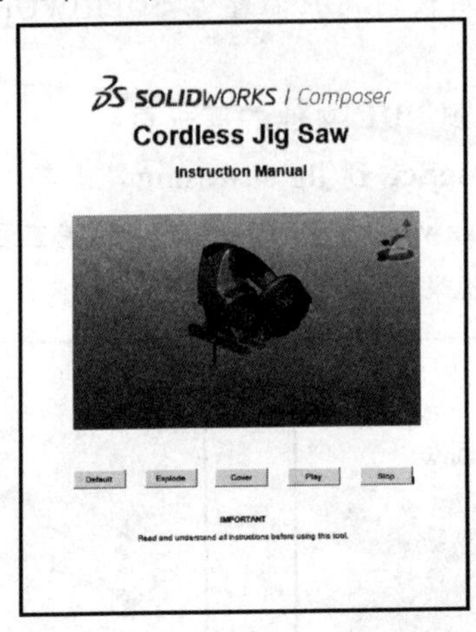

图 14-23　Word 文件的效果

练习 14-3　发布为 HTML

练习发布 SOLIDWORKS Composer 文件到 HTML 文件中。完成此练习后，查看 HTML 文件，确保工具栏被正确地隐藏和显示。

本练习将应用以下技术：

- 发布为 HTML。
- 自定义 HTML。

技巧 使用复制和粘贴，从本章创建的默认 HTML 和自定义 HTML 输出中复制。

操作步骤

步骤 1　将 jig saw. smg 嵌入 Cordless Jig Saw. html 中

在 “Instruction Manual” 下用 SOLIDWORKS Composer 内容替换空白区域。

步骤 2　隐藏协同工具栏

步骤 3　添加按钮显示 jig saw. smg 视图

视图分别命名为 “Default”“Explode” 和 “Cover”。

操作完成后，HTML 文件的效果如图 14-24 所示。

图 14-24　HTML 文件的效果

技巧　如果用户已经完成，可以考虑发布到各种默认的 HTML 配置文件，以查看各种可用的模板效果。

练习 14-4　发布 SVG 文件

本练习将引用链接的 SVG 文件，并使用 SOLIDWORKS Composer 重新创建 SVG 文件。

本练习将应用以下技术：

- 链接的 SVG 文件。
- 发布多个视图。

操作步骤

步骤 1　打开 Collapse. svg 文件

浏览到 Lesson14 \ Exercises \ SVG Complete 文件夹，在浏览器中打开 Collapse. svg 文件，如图 14-25 所示。单击所有链接并记下按钮。

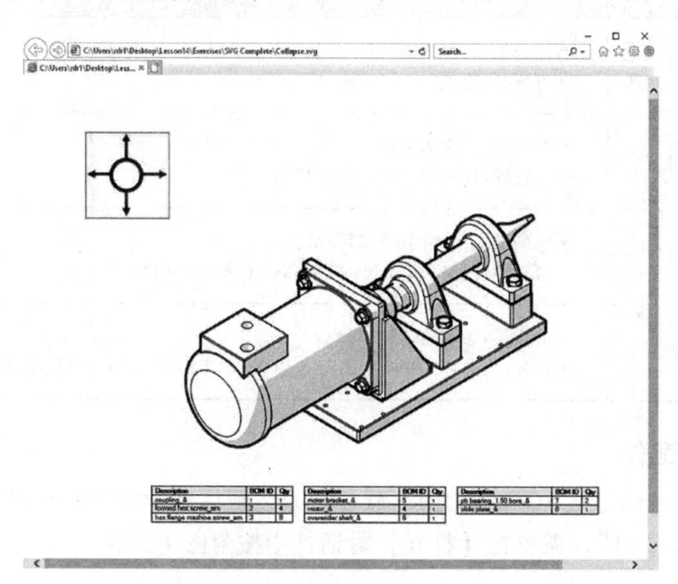

图 14-25　打开 Collapse. svg 文件

步骤 2　打开 Explode SVG. smg 文件并查看

查看所有的视图，注意到任何角色都没有链接。“Motor” 视图缺少 “back” 按钮。

步骤 3　添加角色并创建链接

将 “back” 按钮角色添加到 “Motor” 视图，给爆炸视图中所有相关的几何图形角色设置链接，为各个组件的每个视图设置链接。

确保在创建链接后更新了视图。

步骤 4　输出 SVG 文件

完成后，测试一下链接的 SVG 文件。

技巧　除此之外，用户可以考虑创建一个简单的 HTML 页面，并将 SVG 内容链接到网站。用户可以从 Case Study 文件夹中复制模板，并根据需求进行修改。

附录　部分练习的关键

本书中的许多练习都必须进行切换设置和选择选项等，以实现所需的输出。本附录包含完成部分练习所需的设置、选项、答案和提示。

本附录没有列出的练习，表明该练习是完整的，用户可以查看 Built Parts 文件夹中的文件，以了解有关练习的更多信息。

练习 4-4　可视性和渲染工具

本练习中，用户将练习使用可视化工具来隐藏和显示角色。此外，还将练习使用渲染工具来添加可视化效果，见附表 1。

附表 1　渲染模式及可视性说明

视　　图	说　　明
图 4-26 中的左上角图	• 渲染模式:着色图解(不带轮廓) • 可视性:隐藏“Bezel-Right-1”
图 4-26 中的右上角图	• 渲染模式:轮廓渲染 • 可视性:仅显示“Skid Plate-1”
图 4-26 中的左下角图	• 渲染模式:平滑渲染(带轮廓) • 可视性:仅显示“SW0904-PLUNGER ASSEMBLY-1”
图 4-26 中的右下角图	• 渲染模式:着色图解(带色) • 可视性:选择“SW0903-GEAR BOX ASSEMBLY-1”并选择仅显示并虚化选定对象

练习 5-1　导入装配体

本练习中，用户将练习从 SOLIDWORKS 软件导入装配体到 SOLIDWORKS Composer 中。

为了实现“输出（1）”，需要在【打开】对话框中按附图 1 设置。

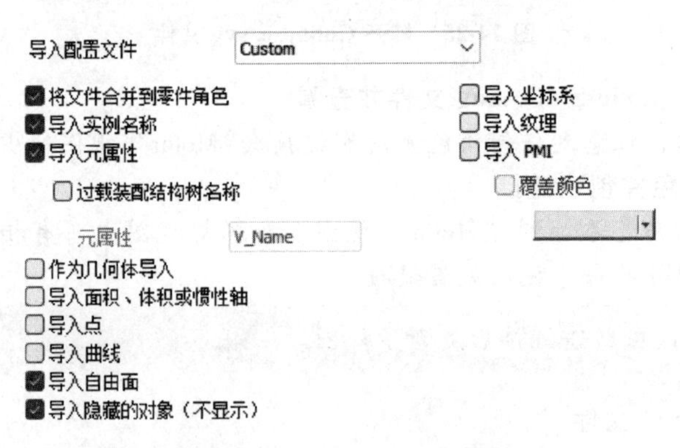

附图 1　“输出（1）”的设置

为了实现“输出（2）”，需要在【打开】对话框中按附图 2 设置。

为了实现“输出（3）”，需要在【打开】对话框中按附图 3 设置。

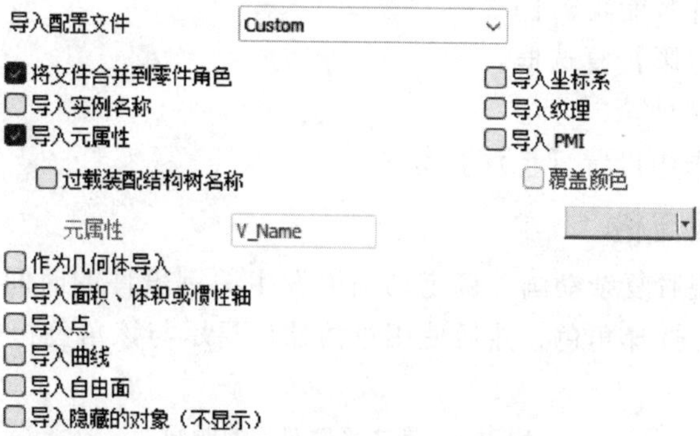

导入配置文件　Custom
将文件合并到零件角色　导入坐标系
导入实例名称　导入纹理
导入元属性　导入 PMI
过载装配结构树名称　覆盖颜色
元属性　V_Name
作为几何体导入
导入面积、体积或惯性轴
导入点
导入曲线
导入自由面
导入隐藏的对象（不显示）

附图 2　“输出（2）”的设置

导入配置文件　Custom
将文件合并到零件角色　导入坐标系
导入实例名称　导入纹理
导入元属性　导入 PMI
过载装配结构树名称　覆盖颜色
元属性　V_Name
作为几何体导入
导入面积、体积或惯性轴
导入点
导入曲线
导入自由面
导入隐藏的对象（不显示）

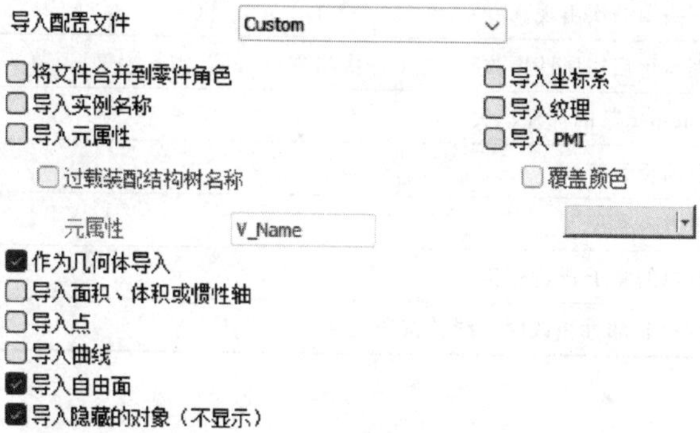

附图 3　“输出（3）”的设置

练习 6-3　矢量图文件

本练习中，用户将使用技术图解工作间创建两个矢量图文件。

为了创建第一个图像文件（见附图 4），需要进行如下设置：

- 使用【HLR（high）】轮廓文件作为开始。
- 设置显示剪影样式为【模型】。
- 设置显示剪影宽度为 1。

为了创建第二个图像文件（见附图 5），需要进行如下设置：

- 使用【HLR（high）】轮廓文件作为开始。

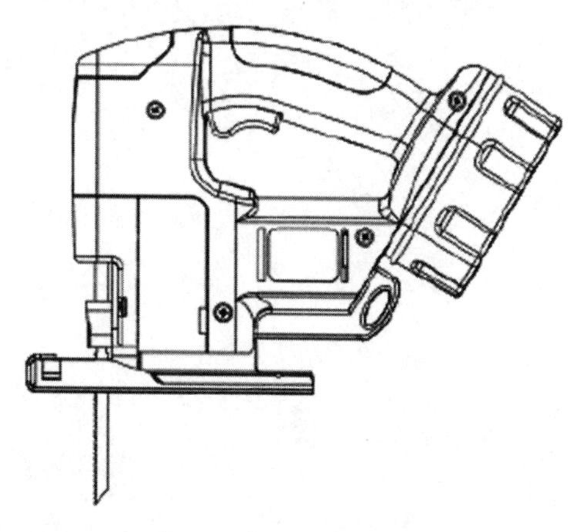

附图 4　第一个图像文件

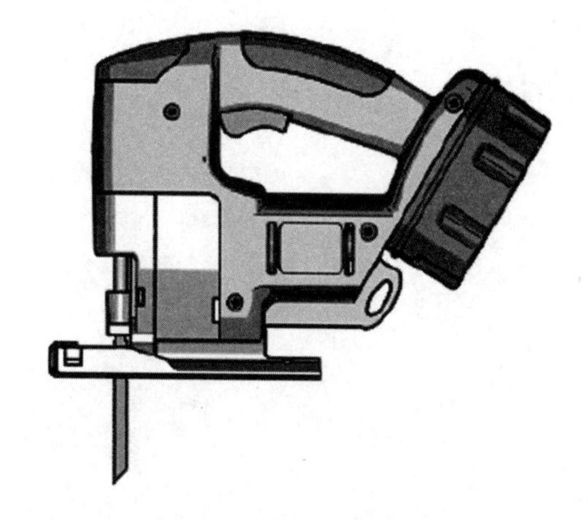

附图 5　第二个图像文件

- 设置轮廓样式为【智能轮廓】。
- 取消勾选【显示剪影】复选框。
- 勾选【色域】复选框。
- 在【色域】选项卡中设置【色深】为 8。

练习 9-1　管理时间轴窗格

本练习中，用户将观看复杂动画并确定动画中发生关键事件的时间。当用户使用过滤器时，此练习将比较容易完成。选择角色，然后使用过滤器仅显示与该角色相关联的关键帧。具体事件对应的时间见附表 2。

附表 2　具体事件对应的时间

时间/s	事　件
6.5	黑色箭头第一次出现
15.0	当纹理显示启用属性更改时，×第一次出现
39.7	“Missing-part” 的标注消失
3.0	第一个面板暂停
28.1	照相机方位暂停
25.4	含有面板的盒子开始移动
11.0	当【发射】属性更改时，绿色按钮亮起